爱自然

与自然相伴的

每一天

重庆大学
出版社

豌豆豆
李小喵
/ 著

[日] 菊地久仁子
/ 绘

y n a t u r e j o u r n a l

目　录

前言

　　我从没想过，观察和记录自然的内容能出成一本书。

　　我在一个南方小镇长大。小时候，走出家门，映入眼中的是不远处的田地与河流，走上十几分钟，就能抵达一座山或一条河。我很爱去田野、河流和山中玩耍。那时，自然是我的游乐场。春天，我喜欢去田埂上剪马兰头，盛了一小篮子，就拿去河边清洗；夏天，我最盼望傍晚来临，那会儿太阳不再灼人，可以去河里摸螺蛳和游泳；秋天，通往外婆家的道路两旁积了厚厚的水杉落叶，像是给路面铺了两条很长很长的地毯，踩上去软软的，还散发着阳光暖烘烘的香味；冬天，去山上挖冬笋像是寻找宝藏，相对松软的土壤之下很可能就有快冒出的笋尖。

　　长大一些，也许是初高中时，我开始对植物感兴趣。看到美丽的花、各式各样的果子和经常遇见的树木，就想去弄清楚它们叫什么。由于身边没有植物鉴别手册之类的书，使用网络也不像现在这样方便，我只能循着各种线索，比如寻找挂在树木上的科普木牌，或是通过描述花的颜色和叶的形状向别人询问，得知它们的名字，单纯地享受这种过程和多认识一种新植物的乐趣。

　　再后来，我离开家乡，去更大的城市上大学、工作，注意力被更多新奇的事物所吸引。城市中满是高楼、车子与人，远离高山、田野与河流，自然离我似乎越来越远。我偶尔会怀念儿时在大自然中玩耍的时光，对很久之前见过的场景仍记忆犹新。有一个春天，妈妈带我和小伙伴们去爬山。我们爬到山顶向下望，山坳里有一大片映山红。我从没见过那么多映山红长在一起。直到今天，我依然记得当时自己受到多大的震撼。有那么几秒钟，我呆呆站立，看着一大片温柔又热烈的红色。

　　两年多前，出于偶然，我开始认真地观察并记录自然，这才惊觉，即使身在城市，我其实也从未远离自然。在这个过程里，如同儿时一样，我重新找到了置身于自然之中的放松与快乐。而且，我开始慢慢意识到，自然之于我的意义。

当时，我和李小喵先后辞职，虽然原因各异，但我们的情绪都不约而同地掉落到谷底。在前一份工作中，我经常加班，即使休息，很多时候也在做跟工作相关的事情。我全副心思寄托在工作上，没有时间和精力投入其他爱好。一旦在工作中受挫，情绪也变得低落。当时我做的项目不断变换方向，进度停滞不前，以至于很长的时间里我都没有成就感，渐渐陷入自我怀疑，对自己越来越没信心。除此之外，还有令人厌倦的人事斗争。我算是一个比较佛系的人，对谁都是客客气气，原以为好好工作就万事大吉，万万没想到有一天自己也会成为被别人说闲话和攻击的对象。这一点我无法理解，还让我失去了对人的信任。虽然这份工作的待遇不错，大部分同事和领导也认可，但我越来越迷茫——这样的生活真是我想要的吗？

这些情绪积累到一定程度，我终于坚持不下去了。辞职之后，我开始给自己放假，在家休息了半年。日子过得悠闲，但也越发无聊和焦虑，总想找点事做。再加上经济压力渐大，我只能重新开始找工作。我不断面试，但并不确定自己要做什么，也不知道什么样的生活才有意义，因此迟迟未开始新工作。甚至在接到offer之后犹豫再三还是婉拒了，因为觉得工作内容不是我真喜欢的。另一方面，我又因在上一份工作中受挫而不断怀疑自己，觉得自己没有能力。迟迟找不到合适的工作，更是令我整日焦虑。

就在这时，在杨小咪的建议下，我们开始观察自然。一开始，我们只是每天吃完午饭后，在常去的咖啡馆外的小树林里散步，看看有些什么动植物。每天都去，没想到每天都有新发现。第一天，我们认识了一种新的植物"藜"；第二天，发现银杏居然分雌株和雄株，只有雌株会结果；第三天，看见一种小时候常见的野草，知道了它的名字叫"龙葵"……

　　渐渐地，我开始期待每天吃完午饭，钻进小树林的那十几分钟的时光，期待着会有什么新的惊喜。在那段时间里，我终于有了一件可以投入去做的事情，暂时不用思考未来要做什么样的工作，也不用焦虑人生没有方向，只需要专心地去看去听去感受，真正地活在当下。我很喜欢那种完全沉浸其中的体验。从那时起，观察自然成为我暂时逃离压力的一种方式，帮助我从日常的焦虑与迷茫中解脱，让我获得平静。虽然结束观察之后，生活还是要继续，烦恼也依然存在，但至少在观察自然当时及之后，我能得到片刻的喘息，让自己的心不至于被焦虑占满。

　　植物们努力生长的样子，也给了我许多安慰。杂草从地砖缝里挤出，乔木的树枝向光照多的方向延伸，萱草每天都在绽放新的花朵……看到这些，我的消极情绪不知不觉少了许多。虽然还是不明确生活与工作的意义，但

我开始知道，要过好当下的每一刻，以积极的态度去看待生活。

　　一旦开始观察自然就停不下来了，我们观察的范围也从咖啡馆外的小树林拓展到家附近和路过的花坛及绿化带、常去的公园。反正所有长着植物、有动物活动的地方我们都去看。我原以为城市中生物种类贫瘠，一看才发现，其实城市里的动植物多得令人吃惊。我原以为我们身边只有冷冰冰的钢筋水泥和人造机械，现在才知道，自然就在我们身边，每日都默默与我们相伴。

　　发现这一点之后，我忽然觉得北京这个城市变得丰富和可爱起来。我的身边到处都是可爱的花草树木，许多野生动物早已与我做了多年邻居。每认识一种新的动物和植物，我就像认识了一位新朋友。它们都对我敞开怀抱，它们生长的地方在我看来也因此有了温度。

　　在开始观察自然后不久，我们也在杨小咪的建议下开始每天写自然笔记，记录每天的所

见所感。一开始只是简单写一段话，后来观察到的东西越来越多，自然笔记也就越来越长，到现在已经写了两年多了。这是我坚持做过的最久的一件事。回头看看，我意识到自己发生了显著的变化，也因为自己做成了一件事而重新建立起了信心。

这本书的主要内容就是从我和李小喵两年多的自然笔记中选取的整整一年的记录，再加以筛选和整理。你可以从书中看到北京的物种有多丰富。其实，我们的观察范围很小，就在家与公司附近、常去的两三个公园和上下班的路上。即使这样，一年之中也记录了 200 多种植物，20 多种动物。从这本书中，你还可以看到北京的四季变化：我们的笔记从夏天开始，到第二年春天结束，每个季节都有不同的风景。北京不止是春天的樱花与秋天的银杏好看，夏天和冬天也同样美丽。

我们在这座城市中走过、看过、听过、闻过，然后尽力将当时的见闻与感受表达出来。

不过，最真实的大自然并不在这本书里，而是一直在我们身边，也在你的身边。希望你能在这本书中发现城市中的自然之美，合上书之后，亲自去看看树和花，听听鸟儿的叫声，踏上属于自己的观察自然之旅。

豌豆豆
2020 年 12 月 19 日

🌸 出发

时节是正月，三月，四五月，七月，八九月，
十一月，十二月，总之各自应时应节，一年中
都有意思。

——清少纳言《枕草子》

不论身处何地，自然都在我们身边

开始观察自然之后，我看了一些有关自然
的书籍、视频和纪录片。我发现，国外的自然
观察爱好者众多，但在中国，亲近与观察自然
似乎只是农耕社会的传统，在现代的日常中却
踪迹难寻。梭罗的《瓦尔登湖》与约翰·缪尔
的《夏日走过山间》都是被称道的自然文学经
典，BBC 大卫·爱登堡的自然纪录片也有众
多拥趸，我们大都读过和看过这些作品，但对
真正的大自然却少有关注。对于城市中的人来
说，即使要亲近自然，也多是特地在假期赶往
乡村、大山、草原和大海这些人类活动相对稀
少的地方。我们往往认为远离城市，有山、有
树、有水、有野生动物的地方才是自然。这种

认知与我们平时接收到的信息有关。纪录片、
电影、广告和书本对自然的呈现往往是草木茂
盛的原始森林、一眼望不到边的大草原、壮美
高耸的雪山、幽蓝深邃的大海。天地广阔，没
有或很少有人类的足迹，只有野生动植物。这
些画面与描述在很大程度上影响了我们如何认
识和定义大自然，仿佛只有这样的地方才是拥
抱自然的好去处。

但事实上，自然并不仅限于此。百科书上
对"自然"这个词的定义是：不断运行演化的
宇宙万物，包括生物界和非生物界两个相辅相
成的体系。这样看来，我们自身以及我们目之
所及都是自然。

如果搭乘飞机，从高空向下望，我们能直
观地看到：城市是自然的一部分。城市往往坐
落在平原或山川之中，又或是在大海、河流之
畔，被我们原先理解的狭义的大自然所环抱；
城市由人类搭建，其中有许多绿色草木点缀，
还有大量人、动物和其他生物。它们如同动物

栖居的鸟巢和洞穴，当然是自然的一部分。

　　人类也是自然的一部分。要知道，地球上所有的生物都是碳基生物，即生命基础都是碳元素与水。人类虽然处在进化链条的顶端，却与一株草、一只鸟、一条虫在生命本质上并没什么分别。我们目之所及，花草、树木、动物生长的森林、草原、山野、江河湖海都是自然，人工建造的公园和花坛也是自然；鸟儿搭建的鸟巢是自然的一部分，人类搭建的高楼当然也是自然。如此看来，不论生活在哪里，就算一辈子不踏出城市的人也无时无刻不在自然中。

　　抛开对"自然"的刻板印象，你就会发现，我们并不需要花费几个小时驾车或搭乘交通工具远离城市，也不需要在假期特意飞去某个原始海岛或森林，只需扭个头、弯下腰，去看去听去感受，自然就在我们身边，日日与我们相伴。我们每日经过的行道树与花坛中的花草、头顶的天空、脚下的土地、桥下的河流与公园中的湖泊，还有见到的人，这些都是自然。它们都在等着我们去观察和发现。

我们身边的自然爱好者众多

　　开始观察自然后，我们每天在公众号上写自然笔记，分享所见所感。一开始，订阅者都是朋友。接着，渐渐吸引来了一些陌生人。偶尔就会有人留言，说看我们的文章觉得很治愈，还有人与我们讨论关于动植物的问题。后来自然笔记由日更变为周更之后，还有人来催促更新。

　　慢慢的，我们发现身边其实有不少自然爱好者，他们是我们的邻居、许久没联系的同学和朋友，又或者是每天与我们擦肩而过的陌生人。我曾在公园里观察植物时遇到一个平凡的中年男人，他特意来寻找前几天见过的紫色小花。我也曾在上班路上见到祖孙三人，他们站在一棵栾树下，仰着头试图分辨站在树枝上的是什么鸟。我还曾在胡同里见到有人沿着墙精心搭建了一个三四平米的小花园，里面种了十来种植物。

我们都希望生活过得有趣味，而亲近和观察自然就是一种很好的方式。它让我们发现生活中的闪光点，更加热爱生活。

意识到观察自然带给我的好处之后，我开始愿意将这种私人的小爱好介绍给朋友和更多人，让大家一起享受观察自然的乐趣。这个爱好不用花钱，也不用花费太多时间，完全没有门槛，适合所有人。

观察自然的益处

1. 大自然具有治愈人心的力量

现在，我和李小喵持续观察自然和写自然笔记已将近三年。虽然我们每天都在做这件事，但还是会在心情低落，或是没有灵感的时候特意去公园走走。

每次去家附近的公园，我都有这种体会：一踏进公园大门，走在林荫小路上，公园外的汽车声、喧哗的人声都会被过滤掉。耳朵里灌进的是鸟儿清脆的鸣声和风吹动树枝树叶的沙沙声。空气变得好闻，我不用再忍受汽车尾气和油烟味，鼻腔里充盈的是植物与泥土的香气：春天是蔷薇科植物的清淡花香和细雨濡湿嫩叶的清甜，夏天是略带水草腥气的湖水味混合着草木的清香，秋天是白玉簪的浓郁幽香和草叶被阳光晒干的暖洋洋的芬芳，冬天没什么花，空气冷冽，但似乎落叶和枯草也香。经历这一切再踏出公园，我好像整个人都变得轻松了，也开心了一点，似乎抖落了一些细小的芜杂心绪。

这并非为我一个人的感受，我身边的很多人也都有同样的体会。亲近自然能改善人的状态，确实也有科学依据。欧美和日本都盛行一种叫作"森林浴"的户外活动。这种活动是在1982年，由时任日本林野厅长官秋山智英创造并提出的。简而言之，"森林浴"就是让人们去森林里行走，通过呼吸清洁的空气获得平静。

实验证明，"森林浴"能帮助人们减轻压力，提高免疫力，预防高血压。这种活动对承受着巨大生活和工作压力的都市人尤其适用。日本千叶大学环境健康园艺科学中心的教授宫崎良文专门从事"森林浴"的研究，他以高中生为对象做实验得出结论：不仅仅是去森林，就算只是去公园，或者在家观赏鲜花和绿植，也能明显地放松心情。

如果你感到焦虑和烦躁，与其冲进一家商场或者打开购物 APP 买买买，不如走进路旁的一个小公园。看看植物，仰望一会儿天空，听听鸟叫，你会发现走出公园的自己和几分钟前走进去的自己，变得有点儿不一样了。

2. 观察自然是一种探索世界的途径

虽然我们都自认很熟悉家附近和常去之地，但事实并非如此。对周边环境，如非刻意观察，我们根本不知道所处之地的物种远比平时所见的更为丰富。

我曾经居住过的小区里有棵大桑树，每年夏天都会结一树果子。桑葚没人采摘，就自顾自成熟、掉落，将地面染得点点紫黑。开始观察自然后，我才注意到，桑树竟也是会开花的！我此前可从未见过。桑树的花序很不起眼，浅黄绿色，藏在大叶子中间，不刻意观察根本发现不了。我这才发觉，原来方寸之地竟有这么多可以观察的东西，即使日日都见，看到的也多是表面现象。

认识世界应有许多维度，如果我们生活的地方是个直径 1 米的圆圈，那么偶尔去陌生的地方、见新鲜的风景就是拓宽我们认知世界的广度，相当于扩大了这个圆圈的面积。而我们对于自己生活的地方其实并不如自以为的那样熟悉。通过观察自然，发现其中的陌生事物并与它们建立联系，也是一种认识世界的方式。这就好像在圆圈中填填补补，给它加点色彩，让它变得更丰富。

我们大多数人都无法过一种一直在路上的

生活，其实，不必远离熟悉的地方，也能探索世界，那就是从观察身边的自然开始。

3. 观察自然让我们找到归属感

大学毕业后，我一个人来了北京，但没有太多在外漂泊的感觉，也很少会觉得孤单。回想起来，我认为一个很重要的原因是，我对自己生活的地方有归属感，我对熟悉自己生活的地方很有兴趣，会主动与它建立联系。通过观察自然，我对周围的环境更加熟悉，熟悉给我带来安心感和归属感。

比如，我会观察小区里常见的树木，会好奇为什么那两棵桑树每年都结许多果子，却没人去摘成熟的桑葚。每年夏天见到熟透的桑葚落了一地，我都觉得可惜。我经常去家附近的小公园散步，喜欢看夏天满池子的荷花和悠闲地翻墙爬假山的野猫。我总爱逛家附近的一个菜市场，以至于我常去的菜摊的老板娘记住了

我喜欢小葱，不要香菜。

所见的一草一木和平日里接触到的人都成为我生活中的一部分，这一切都是我熟悉的自然，我也渐渐融入了这样的自然之中。

4. 发现生活中的小确幸

我是一个特别喜欢新鲜感的人。吃饭喜欢挑从前没去过的餐馆，尝试不同的菜品，即使踩雷也不怕。下班后，偶尔就会想找一条之前没走过的路回家，期待在途中会有新发现。看书也喜欢看不同类型的，喜欢的作者一直在增加。

自从开始观察和记录自然，我发现生活中的小惊喜更多了。我会在等公交车时突然发现车站尽头的一棵洋白蜡不知何时黄了头，在早晨的阳光下金灿灿的，很好看。某天下班后，我惊喜地发现每天经过的天桥下居然有两大丛黄刺玫，淡黄色的花朵低调又热烈地盛开着，在夜色中美极了。去公司的路上，我特意从一个小公园穿过，居然看见有只喜鹊在小路上气

定神闲地散步，仿佛一位国王在巡查自己的领地。这些小小的发现对于别人来说可能没什么意义，但我会因为它们而觉得那些瞬间都变得美好，心情也一并美好，这种惊喜不亚于遇到一家好吃的餐馆或者看到一本好书。

我想，我们的生活中确实需要这样的小确幸。这不是刻意追求形式，也不是为了所谓的情调，是为了给平凡的生活多一些点缀，给自己创造一些小小的惊喜和感动。每一天都有美好的瞬间，似乎未来也更让人期待了。

5. 发掘好奇心，享受获取知识的快乐

观察自然虽说一开始只是简单地观察一些表象，比如今天天气晴朗，槐树开了花，月亮是个尖尖细细的月牙，但随着一天天的积累，你会逐渐观察到越来越多的东西。就好像打开一扇门，走进去，你会发现里面是一个令人眼花缭乱的世界，而且，那世界比你原先以为的还要丰富。

渐渐地，你会不再只满足于知道楼下的一棵树叫什么名字和什么时候开花结果。你会越来越有好奇心，观察得也越来越仔细。你会通过观察树皮的纹理来判断杨树的品种，北京最常见的毛白杨树皮上有一个个菱形的开口，银白杨则没有；你会观察一朵花是雌花还是雄花；你会留心公园里野鸭每年出现的时间和小鸭子什么时候孵出来。进而，你想要知道的越来越多，便开始去网上和书中查阅更多资料。

观察自然会激发你的好奇心和求知欲，让你不满足于现状，总想探索更多，而获取知识又能给人带来持续、长久的快乐，这样就形成了一个良性循环。

有人可能会问，了解这些知识有什么用呢？我只是个普通人，怎么也不可能成为科学家了。我曾经也偶尔会想到这个问题，但想了一圈发现我的答案只是为了有趣和获取知识。直到最近，在《塞耳彭自然史》中读到这本书的英文版编辑艾伦所写的前言，才知道人人都应该观察自然的

理由，以及学习科学知识的必要性。我将他所写的这段十分有价值的话放在这里：

世界上不需要那么多科学的推动者，需要的是大量接受过良好教育的公民，在遇到各种类似问题时，能做出正确判断，并视其轻重缓急，给予正确的处理。……事实上，绝大多数的人都无法对"推进科学"产生实际贡献……但是，我们每个人都能去爱自然，去观察自然。……我们的目标，应该是将自己塑造为圆满的人，具备全面、平衡、宽博的人性。……让我们像怀特一样，坦率、公正、直接地去观察自然吧，问她问题，让她自行作答，不要强迫她给出仓促的答案。这样，无论能否成功地"推进科学"，只要你加入到率真而诚实的、热爱真理、热爱美的人群中去，至少，你就已经推进了我们共通的人性。

通过观察自然，我们学习知识。或许从眼前看起来，只是满足了个人的求知欲，让我们享受到学习的快乐。但从长远看，学到的一点一滴最终都会成为塑造我们的见识与品性的不可缺少的一部分。

6. 获得自身成长的满足感

在观察自然的两年多时间里，我见证了家门口的两棵桑树从长花序、长新叶、结果、果实成熟到落叶的全过程。我想我可能是这附近第一个完完全全观察到这些的人吧，因此窃喜，好像和它们成了互相了解的老友。

看看现在的自己，再回顾过去的两年，我发现自己有了很大变化。在观察自然的过程中，我的观察力和感受力都在提高。现在，我会很容易就注意到路旁的砖缝里长着几株柔弱的野草，花坛里的卫矛开了比小指甲盖还迷你的花，而之前它们可能都无法进入我的视野；我能辨别出蝉的叫声有三种，窗外的"咕咕—咕—"来自斑鸠而非布谷鸟，带小野鸭的都是母鸭子，公鸭子只顾自己玩；看着每天的云，我大概知道接下来会是什么天气。这些都是我在每日的观察中积累下来的知识和经验，它们又帮助我更快更灵敏地捕捉到一些生活中的美好。

7. 对自己和他人更有耐心

说出来可能有点令人难以置信，观察自然居然还能改变人的性格，这也是我在对比自己的变化时发现的。植物们都有自己的生长步调，运气好的话一年就能观察到它们的一个完整的生命周期，不巧的话，花个两三年也很正常。月亮圆缺的变化要花上一个月才能大致看全，而星空的变化以年为单位来观察是最基本的。你无法催着一棵桃树在冬天开花，也不能让候鸟早点归来。观察自然时，你会看到万物有序，从而接受自身的无力与渺小，变得谦逊和尊重自然。既然做什么都没有用，那就只能多点耐心去等待了。就像卡雷尔·恰佩克在《我有一个花园》里所说的，我们必须对生命有耐心，因为它是永恒的。我们能做的，就只有观察与等待。

在培养对自然的耐心的同时，我也对自己和别人有了更多耐心。我看到北京的柳树冬天主动掉光叶子，储存能量，然后慢慢地长出绿豆大的花苞。这些花苞就这样静静等到来年二三月，气温回升，才会迅速长大绽出花序；叶子也开始生长，整棵树都蒙上了一层黄绿，这时候柳树才会重新被大多数人注意。植物的成长需要时间，我们也是。看到这一点之后，我对自己也多了些宽容，不再因为一些事情做得不好就立马对自己失望，觉得自己一无是处，陷入自我怀疑。而是会接受现状，继续努力，因为我知道改变需要一个过程，也要给自己时间。

万物生长都有自己的节奏。柳树在初春二三月抽出花序，荷花则要到初夏才会绽放第一朵花，它们都在按照自己的步调生长，一年四季才会有不一样的风景。看到这一点，我在做事情时也没那么急躁了，按照自己的节奏来就好。

相比观察自然之前，我对自己多了耐心，推己及人，对别人也多了份包容和理解。在观察中，我发现每株植物都不同。站在远处看它们，似乎千篇一律，都是绿色的叶，季节到了就开花结果。但走近细看，却发现每一株都有自己的特色。我住的小区里的那两棵大桑树，它们的北边有一堵高墙，挡住了枝条伸展。除了向上生长，这两棵桑树的所有枝条几乎都一个劲儿地向南边延伸，在我每日必经的道路上方撑出一柄绿伞。小区外也有一棵桑树，它的形态又不同，十分高大，树枝混同在周围的大槐树中，难以分辨。要不是某天一阵大风大雨，将它的果子吹落一地，我还不知道那儿有棵大桑树呢。就这样，我认识了三棵桑树。它们因此在我眼中成为不同的个体。

　　人也一样。虽然我每天在高楼上向下望，下面的行人看起来都是黑色的小蚂蚁，但我知道他们每个人都有自己独特的悲伤与喜悦，每个人都不应该被当成一个数字或是一个符号对待。明白了这一点，在评判他人的行为时，我就会多点谨慎。

　　这些是我回顾过去时，发现自己从观察自然中所获的益处。当然，自然带给我的远不止如此，带给你的或许也不一样。但自然就是这样包容，永远向所有人敞开怀抱。我们要做的就只是开始观察。

开始吧！

观察自然的第一步就是要调动起自己的各个感官：眼睛看，鼻子闻，耳朵听，手去触碰……最重要的是现在，马上，开始观察！

如果在室内，你可以观察一盆盆栽、一缸鱼，走到窗边看看天空中的飞鸟和云朵。在室外的话，可看的东西就更多了。你可以看看路旁的树木和草坪、高楼下的花坛，感受一下空气状况、风力大小，还可以观察一下与你擦肩而过的行人。人是我们每天接触最多的生物，也是自然的一部分。而且我们天生会对同类的活动和故事感兴趣，他人的喜怒哀乐往往会吸引我们的注意力，牵动我们的情绪，因此我们每天见到的人就是很好的观察对象。除了人之外，我们平时最容易观察到的，而且种类最多的自然对象就是植物。总之，观察你最感兴趣的那个点。

那么具体要观察些什么内容呢？比如观察一棵树，你可以看看叶子的形状和颜色，有多高，树皮上的纹路什么样，树皮摸上去的手感如何，等等。再比如观察一朵花，你可以观察花朵的形状和颜色，闻闻有没有香气，数数有几瓣，植株有多高。又或者是观察一朵云，你可以注意一下看到时是几点钟，出现在哪个方向，又在往哪个方向移动，它的颜色和形状等等。

总之，盯着你感兴趣的观察对象看一会儿，总能找到观察的点。从一个点出发，你会发现自然向你敞开了大门。

记录自然，记录我们的生活

开始观察自然后不久，在杨小咪的建议下，我们将每天的观察所得记录下来，也就是写自然笔记，顺便就当练练笔。就这样，写自然笔记成了我们的日常。我们一日不落，一写就是两年，并且还将一直写下去。现在，这已经成了我们生活的一部分，就像呼吸一样自然。我们相信，这也是一种适合所有人的生活方式。

自然笔记由来已久

自然笔记，顾名思义，就是记录自然的笔记。它并不新鲜，而是一种由来已久的记录方式。可以说，从人类有记录这个行为开始，自然笔记就诞生了。远古的人类对自然的依赖比现在的我们更强，为了保障自身安全和生活所需，要将天气、捕获猎物的方法、耕种的时间、星象等信息记录下来，这就是早期的自然笔记。后来随着人类活动而出现的航海日志、对部落间的战争和探险的记录也是自然笔记。但这些记录更多地是出于实用目的，而并非像我们这样，纯粹出于兴趣。

人类出于兴趣记录自然笔记也有相当长的历史。我知道的就有以下这些人物：

生活在 18 世纪的博物学家吉尔伯特·怀特，他记录下了自己生活的小村庄塞耳彭的动植物，并与同对博物学感兴趣的朋友通信，交流彼此所见，信件集合而成的《塞耳彭自然史》一书至今仍被奉为自然文学中的经典。怀特对蚯蚓的观察触发了后来者研究它们在自然界中扮演何种角色。他还将摸索出来的许多观察鸟类的方法应用到生物学的研究实践中，推动了生物学的发展。生物学家查尔斯·罗伯特·达尔文在乘坐小猎犬号环球考察时，收集了大量资料，并做了许多动植物笔记。他整理分析这些资料和笔记后，出版了多本著作，其中就有最著名的《物种起源》一书，奠定了现代生物学与进化论的基础。英国著名作家杰拉尔德·达雷尔，从小便对大自然充满好奇，并将观察自然的兴趣发展成了职业，最终成为一位自然保育者。达雷尔将自己童年随家人移居希腊科孚岛的记录写成了著名的《希腊三部曲》，书中有不少内容就是他在这座热带小岛上所做的自然观察笔记。英国乡村女教师伊迪丝·霍尔登小姐，以文字和手绘的形式记录了从 1906 年 1 月到 12 月的英国乡野见闻，这些优美的笔记至今仍被自然爱好者奉为典范。自然纪录片《七个星球，一个世界》这两年掀起了大家对地球环境的关注与思考，它的制片人、也是被誉为自然纪录片之父的大卫·爱登堡爵士将自己对野生动物的喜爱倾注到工作之中，在 50 多年中拍出了 30 多部自然纪录片，推动了自然保护的进程，这也是一种记录自然的方式。

自然笔记爱好者遍布世界

现在，观察自然、记录自然笔记已经成了很多人主动选择的一种生活方式。在之前从事的一份工作中，我曾接触到一家国外出版社。

他们几乎只出版自然和园艺类书籍，其中就有许多书籍是关于自然笔记的，有的书甚至在出版了二十年后依然深受读者追捧。近几年来，在网络上分享自然笔记的人越来越多，以"自然观察"为名的社群也越来越多，这说明记录自然笔记的人群不仅一直存在，而且人数还在增长，让我十分诧异。我开始记录自然笔记之后，回头想到这点，才猛然发觉，原来世界上有这么多和我一样喜欢记录自然的人。

我们有幸找到的本书的插画师菊地小姐也是一位自然爱好者。她告诉我们，日本有许多自然爱好者，各地都有这些自然爱好者自发形成的兴趣组织。她就是在加入了一个自然笔记的社团之后才开始每日观察自然和做自然笔记的，并从中收获了许多乐趣。菊地小姐的记录方式是画画。从书中的插画就可以看出，只有真正热爱自然并且用心观察的人才能画出如此细致和丰富的画面。

记录自然，记录生活中的精彩瞬间

事实上，我们比自己想象的更健忘。上学时，老师总是反复强调一句话"好记性不如烂笔头"。当时我不以为然，但越长大越觉得这句话是正确的。我常常有这样的经历，前一分钟想要做一件不是很紧急的事，若是有另一件事来打岔，立马就把它忘得一干二净。所以，现在我想到什么就会立刻将它写入备忘录，或者设闹钟提醒自己。

对于生活中的美好瞬间，我们也并不如自己以为的记忆深刻。与亲朋好友聚会聚餐的欢乐时光，旅行中所见的美景都会随着时间而渐渐模糊。但在当时，我们来不及写下或画下，却能用一种更为便捷的方式记录——拍照。未来某天去翻看相册，这些照片就能帮助我们回想起当时的场景。不过，思绪就需要靠文字记录了。

可能会有人说，过去的就忘记了，这也没什么不好。大部分情况下确实如此。不过，我还是想要记住一些生活中的珍贵瞬间，也许只是初夏看到的第一朵盛开的荷花，下班路上和一只野猫的不期而遇，小长假和朋友结伴的一次郊游……这些可能在别人看起来无比平常的事情，对于我来说却很有价值。这是我经历的生活，是我的一部分，它们塑造了现在的我。与 KOL 在社交媒体上呈现的精彩片段不同，作为一个普通人，我的生活更多的是平淡的日常。而这些日常中的小小惊喜和感动值得被好好收藏起来，留待我们日后翻看。

坚持记录自然笔记给我带来的惊人变化

我对比了现在和两年前的自然笔记，明显看出文章的流畅度和丰富度都有了很大提高。原先我只是像记流水账一样写下每天所见，现在不仅记录所见，还将所见描述得更为细致生动，而且还叙述了由此引发的联想。我也说不清这种变化到底是在哪一天发生的，应该是量变引发的质变吧。从前，我写文章总是不知道如何开头，写不出来，没东西写，坚持记录自然笔记一段时间之后才发现，只要开始写，这些都不再是问题。

这大概是唯一一件我坚持做了这么久的事情。坚持带来的改变会让人上瘾，我不仅把事情做得越来越好，还在看到自身变得更好时对自己能做好一件事更有信心，从而继续坚持下去。所以，千万不要小瞧小小的自然笔记，也许开始时只能写出一句话，但只要坚持下去，一段时间之后，你写下的就是长篇的优质文章。

记录自然笔记也是一个帮助自己提高观察力和感受力的绝佳方法，这是我在记录了一段时间之后发现的。一开始记录时，或许你会疑惑，今天我只看到了银杏落叶，这样的事情也值得写吗？我的答案是：值得，而且一定要写

下来。不仅是为了不遗忘，更是需要将其作为梳理自己的思路的过程。在写的时候，你也许会发现银杏落叶是个过程，仅用一句话无法传达出你的所见。你会开始回忆和思考，我刚刚见到的这棵银杏树有多高？长在什么地方？叶子是绿的还是黄的？叶子在落下的过程中是什么样子？树上的叶子有多少黄了？整棵树的外形什么样？当天有没有阳光？等等等等，看起来很简单的一句话的记录，其实可以扩展出许多细节。想到这些，可能你就会意识到自己在观察时并没有注意到这么多，于是下次就知道要从哪些角度去观察了。可以说，记录是为了让我们更好地观察。

这样坚持记录一段时间，你就会发现，不仅写下的文字越来越通顺，观察力和思维能力也得到了提升。你看到的就不再只是"银杏落叶"这么一个简单的画面，还会看到更多细节，你的记录也会因此越来越生动和丰富。

一起开始记录自然吧

记录有许多种方式。最简单的一种就是拿出手机拍照。你可以拍下今天看到的云、草坪上的一朵蒲公英，还可以拍下三环路上的车流。总之，将你看到的，并且感兴趣的观察对象拍下来。

示例：

我们最开始做自然日记时就是拍照记录自己看见的植物。

2018 年 5 月 21 日在一片野地里发现了地黄。

李小喵拍的地黄

你也可以坐下来，在电脑或者本子上写下自己的所见。一开始，你可以只简单地写：今天看到了一只喜鹊。随着观察的深入，能写下的东西就会越来越多，比如详细地描述喜鹊的羽毛颜色和飞行姿态。不用有压力，只要将自己看到的如实写下来就好。

示例：

我们刚开始写自然笔记时，就是简单地记录观察到的植物叫什么，以及植物的状态。

2020 年 5 月 28 日，我们的自然日记中有一段是这样的：

公园里的柽柳开花了。上次见到一串串丝状的柽柳花序，原来上面米粒大小的只是花苞，现在八成以上的花苞都开出了小白花，走到近处也没闻到香气。

　　如果你所处的环境适宜，也有足够多的时间，还可以将看到的自然对象画下来。也可以先拍下照片，或者捡一些标本，回家后再画。文字与画面结合的方式能让记录更生动。不要担心自己不会画，画得不像，或者画得不好。用绘画记录的重点在于过程，在画的过程中你会发现自己注意到了更多容易忽略的细节，体会到完全沉浸其中的乐趣。

　　示例：

　　这是杨小咪画的自然笔记

　　如果你想画自然笔记又不知道如何开始，那么可以直接临摹我们书里的插画。画得多了自然就会找到自己的记录风格。

　　记录自然笔记就是这么简单，你可以选择以上任何一种方式开始记录。不要怕、不要有压力，最重要的就是马上开始，迈出第一步。

记录自然笔记是为了与人分享

最近，北京的云很好看，我忍不住拍了一张又一张照片发给朋友。在家附近看到好看的花、可爱的小鸭子、我也总会拍下来和朋友分享。几年前的一个傍晚，我坐在大巴车上，看到太阳低低地挂在一条小河的尽头，像盏刺眼的路灯，细碎的阳光洒在河面上，像数不清的金子在跳动。当时我心想，这么美的画面一定要画下来和好友分享。不过，画画一直没学，我倒是在计划之外开始了自然观察、写自然笔记。最近我才发觉，这也是一种分享的方式，将所见的画面描述下来，不也和画画有相同的效果吗？文字和画面都能用来记录和保存美好的瞬间，并且能与人分享。

人是群体动物，但每个人又有自己的生活轨迹，哪怕是住在一起的家人、情侣、亲朋好友都不可能每时每刻相守。大家走不同的路上下班，跟不同的人接触，看的自然也是不同的风景。我们将自己发现的小美好与他人分享，是一件快乐的事。不断创造与亲人、伴侣和好友的共同话题，触发相同的感受，或是因观点不同而讨论，会在交流中建立起彼此之间的联结，引发共情。

作为一种兴趣，观察自然也是我们与陌生人建立联系的方式。我们之所以能找到菊地小姐为这本书绘制插图，正是因为她和我们一样，观察自然并且记录，不同是她用图画，而我们用文字。由于都很热爱自然，一开始联系我们就有亲密感，信任也很快就建立起来了。合作过程自然非常顺利，且我们也一直在分享彼此的观察和感受。

在有意识地观察自然的两年多时间里，每天与自然相伴，抬头看天空和飞过的鸟、瞥几眼路过的树木与野草、拍一张植物的照片成了我的日常。将这些记录下来，成了我记录生活的一种方式。它们带给我很多乐趣，也治愈了我。我察觉到改变在一点点发生，生活也越来越有意义。

　　希望看到这本书的你也能开始观察自然，爱上自然，爱上我们平凡又满是闪光点的生活。

旅　程

夏（2018.6 — 2018.8）

My nature journal : Summer

　　我爱把蔷薇盛开当作夏来临的讯息。

　　5 月的头两三天，北京的气温会陡然上升到三十八九摄氏度。蔷薇初放，围栏和篱笆上都是它们的花，浓香四溢，那么热烈，让人误以为夏天真的来了。可高温只是昙花一现，随后又回落到十多二十摄氏度，不冷不热，早晚还有些许凉意，日头却不再如初春般温柔。

　　天气渐渐炎热，睡莲、萱草、月季、石榴、女贞、黄菖蒲、臭椿等也一一绽放。我总爱叫错萱草和四月盛开的鸢尾，明明它们那么不同。遇上一场雨，女贞的香味便浓得化不开，甜腻腻，似糖似蜜，还引来了蜜蜂。河中的睡莲、水边的黄菖蒲，端端正正，安安静静，坐着、立着，风一吹，衬得水色更加温柔。石榴花明艳如火，如一盏盏橙色小灯笼。5 月下旬，气温不再忽高忽低，风里也渐有热意。栾树的小

花绽放，随风簌簌飘落，地上、行人身上、路边停放的车上都是，如同下了一场金色的急雨。

　　小满前后，蜀葵的第一朵花悄悄开了。栾树花盛时，6 月来到，盛夏也来了。路面反射着比 5 月更热辣的阳光，人被晃得睁不开眼。知了鸣叫，荷花初绽，雨中有燕子飞掠过水面；木槿和紫薇日日盛开到秋天；不起眼的角落里还有满身毒的曼陀罗。

　　夏至渐近，北半球的白昼渐漫长。夕阳总是不落山，余晖染红了半边天。我常疑惑北京夏季的黄昏为何总是美丽而多变，是我在南方不曾见过的景致。最爱雨后的傍晚，浮云未散，与晚霞一同装扮长空。

　　7 月，酷暑如约而至。苹果、石榴、海棠的果子全都长大。雷雨一场接一场，总是来得

急，下得猛，走得很迅速。雨前气压很低，闷闷的，只有几只蜻蜓慢慢飞。忽而狂风起，尘土飞扬，空气里尽是泥土的味道。接着雨滴重重砸下，后如倾盆，将植物的叶子、花朵、果子都冲洗得干干净净。不一会儿，雨停了，彩虹出现又迅速消散，云间漏下阳光，植物上水滴未干，闪闪发亮。河流和小区中的人工湖水位升高，青蛙也来了，随处安家，夜深人未静时，声声"呱呱"。

莲蓬不知何时从荷叶间探出了脑袋。不多久后地铁口就会有人吆喝叫卖。如今是8月啦，立秋节气。北京的夏天就此结束了吗？立秋，这一天起就算是秋天了吗？我犹豫着。

骄阳依然似火，昼夜温差却渐渐拉大，夜晚的风吹在身上凉凉的。日落也悄悄提前，蟋蟀开始唱歌，歌声中渐有秋意。可8月算不得真正的秋，因为牵牛花还在怒放，好似要把积攒的生命力尽数爆发在夏末。

2018 年 6 月

6 月 3 日，阴

石榴树开花了。花萼硬而厚，花瓣薄得透明，朱红色。

6 月 5 日，晴转多云，有轻霾

连续两周高温，不仅是人，植物也都受不了，叶子耷拉着，显得有气无力。下地铁后，我骑着车沿绿化带走，见地灌被打开了，正在浇水。各种叫不出来名字的野草、萱草和不远处的丁香丛都吸足了水，精神多了。叶子上的水珠，在阳光下闪闪发光。

一只喜鹊在丁香丛下闲庭信步，见我路过，一点儿也不惊慌，不知它有没有被浇湿。

6月8日，多云

　　早上在楼下等公交，正对面是一排栾树，开了无数花。长长的黄色花序从绿叶中探出头，一眼望去，满树金黄。

栾树的英文名叫 Goldenrain tree，直译是"金雨树"。
微风吹过，金黄色小花飘飘落下，如金黄的雨，真是形象又诗意啊。

6月9日，雨，17—22℃

今天的雨很招人喜欢。淅淅沥沥、时停时下。午后又下了一阵大雨，然后渐渐收了。晚上七点，阳光透过厚厚的灰色云层洒下无数道金光。

早晨去地铁站坐车途中，见一只燕子拖着剪刀似的尾巴从我头顶飞过。它是我今年见到的第一只燕子。

下午办完事情后，雨停了，空气极为清爽。我不想直接去坐车，打算先顺着回家的路走几站地。走着走着，一株开在路边绿化地里的松果菊勾引得我挪不开步子，赶紧停下来拍照识别。

蹲下后，藏在蛇莓绿叶丛中的花儿一一跃入了眼中：水苏、黑种草、琉璃草……它们小小的，不细瞧肯定错过。

再往不远处的林子里望去，虞美人、麦蓝菜、萱草在桃树下摇曳生姿。这儿竟是一座开放式公园。公园非常小，临街而建，无门，有三四条进出通道。我顺着石子小道往里走，路旁盛开着无数花儿：波斯菊、虞美人、麦蓝菜、天人菊、金鸡菊……公园的设计师非常有心，不是呆板地将植物按种类分区栽种，而是让它们长在一起，看似随意，却有精巧的布置。花的选择极有品位，多种菊花都不艳丽得过分，而是单瓣或身形纤瘦。

我最爱虞美人。它们在林中任意生长，或粉或红，随处可见，身姿纤细，有一种柔弱又优雅的美感。今天的雨为虞美人加了一分柔弱，也添了一分优雅。

园内蛇莓尤其多，爬满地面，结了无数红果子。还有著，白色的簇状小花一丛丛，也很美丽。我离开时，看到一只白头翁飞来。

虞美人

蛇莓

6月11日，阴，18—31℃

中午遛弯时，我发现一只小螳螂趴在一株藜的叶片上。这么小的螳螂我还是头一次见到，真可爱。

6月13日，雨转晴，17—28℃

柳荫公园的湖边有一大片野地，其中野草种类繁多，我每次去看总有新发现。黄色的是蒺藜菊和苦荬菜，蓝紫色和粉紫色的是矮牵牛，白色的是香雪球和碎米荠。大家都在很卖力地生长，活力十足。一块大石头上攀着地锦，我细看才发现有两种，一种单叶，一种三叶，而之前见到的地锦多是五叶的。爬山虎是多种攀缘植物的别称，地锦就是其中一种。

雨滴落在荷叶上，晶莹水灵。

湖边的一株益母草上有一点橘色，我还以为是它的花，走近看才发现是一只瓢虫，它缩在叶片之间一动不动，圆乎乎的，很可爱。

瓢虫

益母草

香雪球

一只蚂蚁在矮牵牛上打转。不知是不是因为下了雨，小昆虫们都爬到了植物上。

碎米荠

矮牵牛

6月14日，晴，18—31℃

　　昨天傍晚，我路过一家咖啡馆，看见店外花坛中种着几株栀子花，开出四五朵白花。这是我今年第一次看见栀子花，很惊喜。

　　我在北京似乎没怎么见过种在花坛里的栀子花，只曾见到路上有人卖栀子花盆栽。我还买过一盆，养了没多久就死了。

　　汪曾祺在《人间草木》里写栀子花的一段话很有意思，应有很多人读过：

　　栀子花粗粗大大，又香得掸都掸不开，于是为文雅人不取，以为品格不高。

　　栀子花说："去你妈的，我就是要这样香，香得痛痛快快，你们他妈的管得着吗！"

6 月 15 日，晴，19—32℃

　　柳荫公园的第一朵荷花开了！它被众多大荷叶包围着，更显柔弱。花蕊鹅黄色，将一个同色的柔嫩莲蓬环抱在中间。花瓣粉色，从内到外粉色渐渐加深，到花尖形成一点桃红。荷花初生的样子真是惹人怜爱。我忍不住站着看了好久。

中国的荷花品种有 200 多种，我见到的应是单瓣粉莲。

6月16日，阴，22—32℃

　　三只野鸭站在湖边的大石头上休息。一只单脚站立，一动不动，一只扭动脖子，整理羽毛。

6月17日，阴，22—33℃

凌晨下起了大雨，雨水打在窗户上乒乓作响，到早上才停。

柳荫公园的紫薇开花了。深粉色的花朵聚在枝条末端，花瓣轻而薄，微皱。我原以为一小团深粉色就是一朵花，细看才发现那只是花瓣。紫薇的花和我们常见的植物花形大不相同，花瓣和花萼之间有短棱连接，一个花萼上有六片花瓣，每片都向外支棱着，离花萼老远。

紫薇又叫"百日红"，因为花期长，能从6月一直开到9月，算下来确实有100多天。

杨万里诗中也说"谁道花无百日红，紫薇长放半年花"。

据说，挠一挠紫薇的枝干，它就会全株抖动，就像被人挠了痒痒，

所以也叫"痒痒树"。下次我要试一试。

醉鱼草的花序上将近一半的花苞绽开，小花紫红色，四瓣。一只蜜蜂和一只白蝴蝶同时停在一束花序上采蜜，不知这束花序有什么特殊的吸引力。

小时候，我见到的醉鱼草通常都长在河边，枝条细长，花朵大多浅粉紫色。
我们都叫它闹鱼草，据说把花扔进河里，鱼就会被毒死。
这是因为醉鱼草全株有小毒，捣碎后扔进河里，会使鱼麻醉。

珍珠梅也开花了，远看毛茸茸的，白色一团团。这"毛"其实是它的花蕊，伸出花朵之外，大概是为了方便授粉。细看，小花有五瓣，密密麻麻挤在一起。我凑近闻了一下，有一股奇怪的腥气。

6月18日，22—31℃

　　五月最早开花的萱草如今已经结果，胖乎乎的小果子顶在茎的最高处，枯萎的花葶拉下了脑袋。

萱草

6月19日，晴，20—32℃

　　我在花坛边缘看到一株马齿苋从石缝里长出来，匍匐在地面上，茎呈紫红色，倒卵状的小厚叶很有肉感。它生命力特别顽强，哪儿都能长，在我老家叫蚂蚁菜。每年春天趁它最嫩的时候，人们都会采上一篮子，烫到断生再晒干，留到过年前和肉馅一起包馒头。汪曾祺在《家乡的野菜》里也提到过这种吃法，他的祖母特别爱吃，但他觉得马齿苋酸酸的不好吃，我却从来没觉得酸。

马齿苋

6 月 21 日，晴，23—35℃

　　上班途中，一只暗橙色的蝴蝶从我面前飞过，翅上黑色的花纹若隐若现。它奋力扑扇着，忽高忽低，看上去非常笨拙，也许是才蜕变不久吧。

　　还看见一只最常见的黄蜻蜓。它飞越停在路旁的汽车，又往下落，身影在车流之间忽隐忽现，最后隐没在车的阴影里。

小时候，夏季暴雨来临前天气沉闷，成群的蜻蜓总在我家屋前的空旷处飞舞，飞得很低很低，有时还会撞在我的脸上、身上。
如今再也看不到那么多了。

6 月 23 日，晴，有轻霾，21—36℃

　　我家附近的地铁口有一片共享单车的停车场。偌大的场地露出白灰色的泥土地皮，其间混杂着许多碎石，应是建筑废料。昨晚天擦黑后，我在那里打开一辆共享单车，等锁开的刹那，瞥见车旁绿丛间有白色的影子。黑暗中瞧不真切，但我知道必定是花，凑近才发现，居然是曼陀罗。我激动极了，是曼陀罗啊！当时天黑了，我没法拍照，只能遗憾地离开，打定主意第二天一早再来。今早我如愿以偿。

苘麻是制作麻布的原材料，
最早记载于《诗经》。

苍耳

曼陀罗可致幻，可使肌肉松弛，使人麻醉，
武侠小说里能放倒人的蒙汗药就是用它制的。

　　曼陀罗的大名我早就知道，在我心目中它可是一种神秘的花儿，今天终于见了真貌。因它全身有毒，我不敢触摸。

　　这一小片绿丛围绕着电线铁架生长，由曼陀罗、苘麻和苍耳组成，曼陀罗在中间。

　　苘麻的黄色小花开在叶下，微风一吹，若隐若现。我小时候爱玩苘麻的花，去掉花蒂后的伤口处有黏性，可以贴在额头或耳朵上。

　　苍耳结的果实带着钩刺，从它旁边走过，衣服上必然全是，小时候去野地里玩，总会带一身苍耳子回家，要一颗颗摘下让人好不耐烦。

　　我还看到了一株西红柿的幼苗长在绿丛的边缘处。再次感叹植物的生命力，它们总是随处可安身，而且怡然自得。

6月24日，晴转阴，25—37℃

　　麻雀停在树枝头叽叽喳喳地吵个不停。它们可真是爱叫。只要看见身影，就能听到叫声。

6月27日，晴，24—38℃。

　　早起去柳荫公园，已有很多大叔大爷在跑步和散步，几个阿姨在湖边跳彩带舞，看上去神清气爽，比年轻人都有活力！

　　不知谁将鸟笼挂在紫叶李树枝上，鸟儿欢脱地跳上蹦下。它们也有逛公园的需求呀。

　　湖边的水蓼开花了。乍看，一串串花序上都是米粒状的花苞，白中透着微粉，细看，我才发现有几朵花已经开了。白色小花呈钟形，非常低调地藏在花苞之间。

　　我在家乡的河湖边和稻田里都见过水蓼的身影。水蓼花期在7—8月，花序有红有白。
　　唐代罗隐在诗中写过"水蓼花红稻穗黄"。水蓼花开正值南方水稻成熟之时，
只是我的故乡现在种水稻的人家越来越少，这种景象以后怕是难见到了。水蓼还是一种食材，
　　自古就有人食用。嫩叶和嫩苗可以当野菜吃，做鱼时放几段还能去腥。

6月30日，晴转雨，22—37℃

上午天气晴朗，阳光强烈，像前几天一样炎热。

下午五点左右，我和朋友逛完书店，打算去附近的元大都城垣遗址公园看看植物。刚走出书店就发现天阴了，积起了厚厚的灰色云层，绿化带中新种的花叶芦竹被风刮得东倒西歪。应该要下雨了吧。

刚进公园没走几步，雨就落了下来，砸在地上的雨滴印子足有小孩拳头那么大，我们赶紧往家走。雨越下越大，风越刮越猛，伞被吹得快要撑不住，鞋子和裙子下摆不一会儿就湿了。好多植物的枝条和叶子被风刮落，乱七八糟躺了一地。

气温骤降，变得好凉爽！我闻到了夏季雨天特有的气息，是一种雨水、草木和泥土的味道混合在一起的清香。

六点左右，雨小了，变成了零星雨点。七点左右天黑了，比往常晴天时早得多，昨天八点半天还朦朦亮呢。

2018 年 7 月

7 月 5 日，雷雨，24—36℃

栾树还在开花，但大部分都结了青色的荚果，围绕着半圆形的树冠长在最外层。上周我在奥林匹克森林公园捡了一颗它的果子，小小的种子被大大的气泡状荚果包裹在里面。真神奇，米粒大小的花竟然能长出那么大的荚果。

栾树的荚果

7 月 6 日，晴，23—33℃

昨天傍晚的雷雨真是场救命雨，一下子把北京的酷热浇灭了。昨晚温度陡降，非常凉爽，今天的太阳虽然也早早地高挂着，但一点都不烤人。天是水蓝色的，飘着薄薄的云，很有南方天空的感觉。

7月9日，阴转雨，22—27℃

    从我家去往公交车站的路上有一大片绿化带，也可说是街心公园。它被车道分成了四个区域。前天上午，我去菜场没带伞，为了少晒点太阳就从中穿过，这才发现里面的植物还挺丰富，略数了数就有二十种。

    乔木有松树、柏树、紫叶李、海棠、国槐；灌木有小檗、黄杨、卫矛、金叶女贞、石榴、锦带花、紫薇、木槿，还有沿阶草、淡竹叶、五叶地锦、鸢尾、月季和两种萱草。

    街心公园中有一条弯弯曲曲的主路，主路上又分支出几条小路，一处拐弯两旁种了竹子。我在北京很少见到竹子，即使见到的也往往长得不好。这两小片竹子的长势倒是不错，很精神，枝条上有许多嫩绿的新叶，竹鞭上冒出了不少水灵的小竹子。道路两边的竹子都往中间的人行步道上倾斜，投下一片阴凉，走在其中体感温度比在外面低一些。

7 月 10 日，22—30℃

　　我在湖边拍植物时，见一个大叔离开人行道，走进野草地，对他妻子说自己在找前几天见到的紫色小花，结果没找到，遗憾地走了。他找的应该是矮牵牛，我真想告诉他，再往里走几步就能看到了。

7 月 12 日，阴，23—27℃

　　早起，我发现窗外雾蒙蒙的，雨停了，水汽还没散。

　　一只蜗牛安静地趴在一块大石头上，偶尔扭动一下触角。它的壳上带着泥，风尘仆仆的样子，似乎是从遥远的泥地爬到这儿来的。看见它之后，我像是打开了一扇门，继而发现了更多的蜗牛，石头上、长凳上、树干上、松针间，到处都是。

7月14日，多云，24—32℃

　　湖中的一处水域长出了荇菜。走近看，我才发现荇菜的叶子是心形的，以前远远地看着还以为是圆形上缺了一个口子。这一片荇菜中只有一朵小花，半藏在水中，看不清它是败了还是含苞。

　　一棵大柳树下长出了两大丛蘑菇，密密麻麻叠了好几层，小伞整齐地照着一个弧度撑开。我还真没见过这么多野生蘑菇，应是前几日雨水多才长出来的。

7月15日，多云。25—33℃

　　山楂果实挂了满树，一丛少说也有十几个，个头比麦粒素还大一些。榧树也结满了青色果子，橄榄形，个头比橄榄蜜饯小一点。连翘算不上硕果累累，全株只有寥寥几个瓜子形的果实。

山楂

这片果树林中的小径旁立了一排篱笆，爬满的凌霄稀稀拉拉地开花了。未绽放的花苞像个结实的小棒槌，盛开的花朵颜色比花苞深一些，近朱红色，倒没花苞好看。

我国对凌霄花的记载，最早可见于《诗经·小雅·苕之华》："苕之华，芸其黄矣。"苕，指的就是凌霄花。

7 月 17 日，大到暴雨，23—28℃

　　昨天傍晚的那场雨真大！当时我在等公交，恰巧赶上。只见天一下子就黑了，再一眨眼的工夫，倾盆大雨从头顶浇下，快得让人来不及打伞。我慌慌张张撑起伞，躲到公交站牌后面，可裤子依然被淋湿，视线全模糊了。雨水如帘，把远近所有的高楼都遮挡住了，我只看得见开到近前的汽车，其余什么都瞧不清，能见度最多 50 米吧。幸好这场暴雨没多久就开始转小。但仅这一阵雨，地上就积了很深的水，许多人上下公交都是直接蹚水，完全顾不得穿的是球鞋还是凉鞋。

　　连续下了三天大雨，导致北京地势低洼的地方全都积水了，形成大大小小的"河"。昨晚睡觉前，我听到楼下有呱呱的叫声，起初以为是谁家养了鸭子，再细一想才明白是青蛙。原来，青蛙随着水涨四处迁徙，也就四处安家了。

7 月 18 日，多云，23—32℃

　　这段时间正是吃桃子的最佳时节。我家附近有个早市，每隔两天，我就从那儿买几个桃子带到公司当作餐后水果。周末在家去早市，买的也是桃子。从六月吃到七月，大概有一个月了。

　　我作为一个新晋"吃桃＋买桃小能手"，都买出门道吃出门道来了，知道哪种桃子好吃，哪种桃子不好吃。

　　北京最常见的平谷大桃是最好吃的。所谓平谷大桃，指的是北京郊区一个叫平谷的地方所产的桃子。由于经常去买，再加上摊主介绍，我知道了平谷桃也分品种。一种是水蜜桃，一种是脆桃。水蜜桃软且甜，适合老人和喜欢它的人。但我爱吃脆桃。脆桃口感爽脆，很甘甜，也比水蜜桃耐放。摊主说，脆桃放两三天都不会软，而水蜜桃放一天就软了。有客人来，摊主都会问喜欢吃哪种桃，再按需推荐。

　　美中不足的是，平谷桃个头太大，吃完一个，肚皮都快要撑破了。今天我们想了一个办法，买把水果刀分着吃！

7 月 20 日，多云，26—34℃

　　今早我从小区边缘的绿化地穿过，突然发现了一棵两米来高的枣树。它长在一棵桃树后面，既开花的同时又在结果。花很小，黄中带绿，簇生在叶子根部，许多蚂蚁趴在花上不动，大概在饱餐。枣花是蜜源，难怪招蚂蚁等小虫。

　　绿化带里还有几处蚯蚓堆。下了这么多天的雨，蚯蚓该是最幸福的。它们爱潮湿，雨是最好的恩典。蚯蚓主要以腐烂的叶子为食，还能松土，地里有它们在说明土质疏松、肥沃。

　　于我而言，蚯蚓是钓龙虾最好的饵食。我的老家河湖沟渠较多，
小学时及之前，每年暑假我最爱干的事情就是钓龙虾。钓龙虾的材料很简单，也很原始。
钓竿用小拇指粗的长树枝或结实的芦苇秆，钓绳用旧毛线或尼龙丝线；饵食是蚯蚓，现用现挖。
那时乡下土质肥沃，屋子周围不论哪里，一铁锹下去总能挖出许多蚯蚓。
钓绳的一头系在钓竿上，另一头拴着被摔晕的蚯蚓，一根钓龙虾的竿子就做好了。
提起小桶，拿上竿子和装着蚯蚓的铁皮小罐子或是其他容器，再夹个抄网兜，
找个鱼塘或沟渠，把竿子下到水里，就可以坐等龙虾上钩。竿子末端可以插在岸边松软的土里。
龙虾劲大，有时候会把竿子拖到河中央，想捞也捞不回来。哦，对了，不能用死掉的蚯蚓，龙虾不爱吃。

7月24日，大雨，24—31℃

　　杨小咪昨晚拍到的月亮周身毛茸茸的，她说今晚会下雨。她的家乡有俗语：毛月亮，下大雨；有月晕，刮大风。我突然记起我的家乡也有这种说法。看来这是一条对各地都适用的民间经验。睡前，我去阳台晾衣服，外面果然下着雨，不知从什么时候开始的。这雨已经持续了快三周！

　　上班路上，经过一个十字路口时，我遇上两辆右转的车。前车右转之后，后车的车主很贴心地停下，等我先走。我的心里暖了一下，默默道了感谢。

　　中午十二点左右，西北边的天亮了，灰色的云层散开，只留下几朵轻薄的云在天上飘。远山上笼罩着白色的雾气，像是仙境。我静静地盯了一会儿，发现雾气似乎在飘动，只是幅度很小，不易被人察觉。这种场景在南方很常见，我的家乡多山，更是时不时就能见着，但之前还从没在北京见过。

7 月 26 日，晴，24—33℃

　　早上，我在家附近的小区外看见一丛攀缘植物爬满了栏杆一角，还占据了栏杆旁门卫室的半面墙。早在一两个月前，我就注意到这丛植物了。当时，它只有几根藤条，叶子三瓣，仅有小孩巴掌大。

　　今天，我猛然间发现它长大许多。一枝藤条匍匐在地上，快伸到连着人行道的花坛边了。我本只打算拍一下它伸在空中的嫩枝，突然看到缠在栏杆上的藤条中挂着几串葡萄！原来它是葡萄藤！一串葡萄有青有紫，紫色表皮的看着快成熟了，但其中个头大的只有玻璃弹珠大小，也不知好不好吃。

7月28日，阴，24—33℃

柳荫公园的荷花变了模样。荷叶硕大，靠着细长带刺的茎支棱在湖面上，层层叠叠。许多莲蓬在荷叶中探着小脑袋。荷花很少见了，偶见几抹粉色藏在荷叶下。

路边，三位老人在聊天。我听见其中一位说，现在是二伏了，等到8月8（应是8月7）立秋以后，夏天就算过了一半，往后就不会再热了。另一位说，还有秋老虎呢。第一位接着说，那也没伏天热了，节气总不会错。

昨天是二伏第一天，老一辈还在数着节气过日子呀。虽说气候和环境都在变化，节气的准确性也受到影响，但我总觉得这种基于人与自然的关系衍生出的历法充满了人情味儿。

7月29日，阴，26—34℃

下午，我在元大都公园中看见两丛凤仙花。一小片花居然有四种颜色：玫红、紫红、朱红和淡粉。大多植株已经结出了表皮淡绿色的纺锤形蒴果。

一位大姐路过，看着凤仙花说了一句"指甲草结籽了"，好熟悉的名字！在我的家乡，人们也把凤仙花叫作"指甲花"。因为它的花朵颜色新鲜，摘下来捣碎，汁液可以染指甲。其实，不仅中国民间有此习俗，印度、中东等地的海娜文身用的也是凤仙花的汁液。

小时候，我听大人说，蛇都怕指甲花，只要在院子里种上指甲花，蛇就不敢来了。后来，我发现很多地方都有这种说法，但不知道蛇怕凤仙花到底是出于什么原因。我只知道指甲花是可以治蛇咬伤的。

元大都公园中的好多植物都结果了，除了海棠和山楂，还有山荆子、水栒子和木瓜（蔷薇科木瓜属植物）。

凤仙花的英文别名很有意思，叫 touch-me-not，
翻译成中文，意为"别碰我"。这是因为它的蒴果成熟后，
被人一碰就很容易爆开，喷射出一粒粒球状的种子，个头如小米，
就像是在警告触碰它的生物：嘿，都离我远点。

2018 年 8 月

8 月 3 日，晴，26—36℃，体感温度 44℃

　　我每天都坐地铁 13 号线上下班。除东直门站外，13 号线都是地上轻轨。从望京西到北苑站，两侧接近半荒野的状态，多为林地，建筑物尤其高楼很少。每天在地铁上，我都爱靠在左边的车门前瞧外面的风景，尤爱看路上经过的小菜园。

轻轨与一条斜伸过来的火车铁轨交叉，呈"X"刑，小菜园就在火车轨道与轻轨之间和火车轨道的另一边。我猜测这些小菜园原本是荒地，附近的住户见了，就来开垦出一小片来做自家菜园。每一片小菜园都方方正正的，围着用树枝插成的栅栏，打理得很好。栅栏四周几乎都种了丝瓜。这段时间，瓜藤爬满栅栏，无数朵黄花从肥大的绿叶间冒出，一眼望过去，金黄一片。

　　有一段轻轨在高架上，下面错落着三两个破旧的小村庄。在这段路上，我的视线几乎与树梢头平齐，因此可以俯瞰。我看到一户人家的门前有几棵树，一株丝瓜顺着其中一棵的树干往上爬，一直爬到树顶，在顶上开出了几朵黄花。远远瞧去，还以为是树在开花呢。

　　这些菜园里，我认出的农作物有：丝瓜、南瓜、玉米、花生、豇豆、青椒、红薯，还有一户人家种了芝麻。

8月7日，阴转晴，25—32℃

　　今日立秋。

　　今年，北京的立秋似乎特别应节气。这周开始下雨、降温，有了秋的味道。

　　俗话说"一叶知秋"。"叶"指梧桐叶，似乎秋天就是从梧桐落下第一片叶子开始的。宋代有报秋的习俗。立秋这天，皇宫里的人会将栽种在盆中的梧桐搬进宫殿内，立秋时辰一到，太史官便高声奏报"秋来了"。如果梧桐应声落下一两片叶子，便是寓意报秋了。

　　报秋的梧桐并非我们现在常见的法国梧桐（悬铃木），而是一种原产于中国和日本的梧桐科梧桐属植物，又叫青桐、桐麻。梧桐树干青色，十分光滑，叶片大且外形优美，与梓树的叶子有些许类似。看了照片，我才发现从前在山中见过梧桐。它的叶片很有辨识度，只是树干什么样，我没注意过。

8月9日，晴，23—33℃

　　昨晚，天很干净，像是被人用水冲洗过。我能清楚地看见夜空中西南方的木星和东南方的火星。这段时间，火星是全天最亮的星。睡前窗未关，我听见蟋蟀叫个不停，一下子觉得夜更静了。

　　宋代舒岳祥在《夏日山居好十首其一》中写道："夏日山居好，虫鸣山更幽。"看来大家听到虫鸣声的感受是一样的。

8月12日，雨，24—30℃

　　我在公园中看到了一个有趣的场景。经过一处小山坡时，我见坡上一个六七岁的大男孩费劲地抱起一个一两岁的小男孩，小跑着冲到了坡底平地上。大男孩放下弟弟，走在他身后，双手一直护在弟弟的左右两侧，生怕他跌倒，一边走还一边说"我真担心你呀"，十足的大人模样。看到这一幕，我忍不住在心里发笑。

　　在人行道上慢慢走着，不时有几片黄色柳叶飘落脚边，我抬头一看，好几根柳枝上都有黄叶了。不知何时，湖边的芦苇抽出了青色的芦花，花穗在风中轻摆。狼尾草长到了半人高，草穗往四面八方辐射开去，看起来果然比狗尾巴草嚣张一些。

8月13日，雨转多云，24—31℃

　　今早，天阴沉沉的。我刚找到一辆摩拜单车，解锁时突然下起雨来。只片刻工夫，雨由小转大，路上的行人急匆匆往地铁里赶。我一手骑车一手打伞，骑了几分钟，雨停了。收起伞，看看天，乌云还很厚。果不其然，没多会儿又下了一阵。短短十来分钟，我遭遇了两场雨。到公司，天渐渐放晴，中午竟然出太阳了。

　　上周五我骑车沿广顺北大街往望京凯德 MALL 方向走，瞥见左侧海棠树的树丛间有一团粉色，心下疑惑难道海棠又开花了？今早骑车又从那里路过，特意停下来看了看，果见有几株海棠二度开花。

一两簇花开在树梢那一段新生的枝条上，花下就是密密匝匝的青色果实。果实与花同时出现，也算是一大奇观了。

　　海棠主要有四种：西府海棠、垂丝海棠、木瓜海棠和贴梗海棠，俗称"海棠四品"。我来北京后最先认识的是西府海棠，它也是最常见的海棠品种。我最爱春天里西府海棠落花，风一吹，粉色花瓣翩翩飞落，不多时，树周围三四米范围内的地面上全是花瓣。垂丝海棠的特征是花瓣头朝下垂着。后来我又在奥林匹克森林公园见到过楸子，也是海棠中的一种。

8月14日，阴转多云，24—29℃

　　从我家到公司这一路，蝉鸣声不绝。现在的蝉鸣与初夏和前一阵子都不一样，而且花样百出。昨天我从一处长长的树荫下路过，听到一只蝉在叫。声音粗哑，叫完一声歇一下，再叫，尾音短促，让人误以为是公鸭在发声。

　　蝉能预报天气。"蝉鸣天气晴，雨天蝉不鸣""蝉在雨中叫，预报晴天到"，我想起昨天早晨的确是在第二场雨停之后听到了蝉鸣，接着天就放晴了。今早虽然也阴沉沉的，一路上却都听得到蝉鸣，果然没有下雨。

8月16日，晴，21—32℃

　　今早刚出门就看到一大片云悬在头顶，漂亮得不像话，好像有人把新采收的棉花随手撕碎，从东到西撒在天空中，形成了一条洁白柔软的碎云桥，东边窄，西边宽。

　　北京夏季的晚霞总是很多，也很美，但今年连日阴雨，晚霞总是没机会露脸。昨天难得晴天，晚霞便把西方的半边天都染红了。天上有一大团云，黄昏时光线变换，它成了灰色。我们拉开窗帘刚好看到红色夕阳斜照在这团云上，将它镀上了金色的边。也就是转身喝口茶的工夫，夕阳彻底落下山去，收起了余晖，金红色的云又恢复成了灰蓝色，转瞬即逝。

今天是三伏的第一天，从今天开始数，数完十天，三伏就过去了。夏天也就过去了。

8月17日，晴，23—32℃

今天是七夕。我老家有个习俗，不仅和七夕，还和端午节有关。在五月初五端午节那天，大人会给孩子系上五彩绳；六月六，把五彩绳剪下来丢在屋后或房顶上，让喜鹊衔去搭鹊桥；七月七，鹊桥造好，牛郎织女就能按时相会。

8月20日，阴转晴，23—33℃

立秋过后，早晚明显凉爽多了。晚上睡觉，空调用不着开了，凉意从室外蔓延进来，可舒服了。白天，树荫下很凉爽，但在阳光下走一会儿还是觉得热，温差很明显。

天气预报显示，今天的日落时间是19:03，我记得前一阵最热那几天的日落时间将近8点呢。白天明显地变短了。

周末，我见到一株合欢。合欢花呈丝状，靠近花托的地方，丝是白色，尖端粉色，远看像一团团粉色绒球，所以合欢的别名也叫"绒花树"，非常形象。据说合欢花有清香，夜晚香气更盛，但我没什么印象，也许闻过，只是不记得了。

合欢有一重象征意义为夫妻恩爱。

有一个传说是，舜帝南巡时死在苍梧山，

他的妃子娥皇和女英终日恸哭，泪水流尽后，眼中开始滴血，最终血尽而死。

后来，二妃的灵魂与舜帝的灵魂"合二为一"，变成了合欢树。

从此，合欢就被人们当成忠贞不渝的爱情象征。

纳兰性德写过一首词《生查子》悼念亡妻卢氏，

其中写道"不见合欢花，空倚相思树"。妻子已不在，合欢花也不可见。

合欢属豆科含羞草亚科，晚上对生的叶子会像含羞草一样闭合起来，

白天重新张开，也很符合夫妻相亲相爱的象征意义。

不过，含羞草科植物含有含羞草碱，接触多了会使人毛发脱落。

有发量烦恼的朋友千万不要多碰哦。

8 月 25 日，阴转晴，22—32℃

今天是农历七月十五，中元节，也就是俗话说的七月半、鬼节。我只记得在我的家乡，大家每到七月半就会做一种叫"汽糕"的吃食，做法是将大米粉和水混合为浆状，再撒上各种切细的菜，之后隔水蒸熟。至于别的习俗，我倒没什么印象。

地锦的一根藤上挂了些果子，豌豆大小，扁球形，紧实的表皮灰蓝色，看起来汁水丰富。一株沿阶草的草茎顶上花还未完全开败，下方已长了一串青色果子。果子圆溜溜，泛着光泽，真可爱。白杜的果子像缩小版的柿子。蝎实的果实一小团一小团地聚在一起，像毛茸茸的小刺猬，也像缩小版的栗子，一副"我很不好惹"的样子。

我最早看见榰树的果子时，它们还是青色的，前两周变成了棕色。今天，所有果子都红了，是成熟的枣子的颜色。我掐了一下，果肉是软的。柿子快有我的手掌心大，有一两个已经由青转黄。

柿子还是青的。

我沿着湖边走，见一只胖乎乎的三花猫蹲在前方，挡住了去路。它伏在地上，似乎对湖里的动静很感兴趣。湖里鱼很多，比我之前见到的大了不少。即使三花猫对湖里的鱼再感兴趣，我也对它能捉到鱼持怀疑态度，毕竟猫这么怕水。我盯着它看了一会儿，又往前走了几步，它终于抬起头来看我一眼，然后一颠一颠地小跑开了。虽然是只野猫，不像家猫有整洁的居所和主人的照料，但它的毛可真干净，一定是只对自己有要求的野猫。

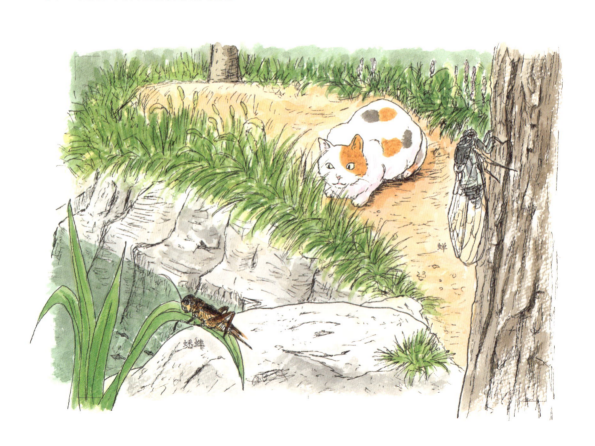

8月26日，阴，22—32℃

今天出伏。最难熬的三伏天终于过去啦。

早上，我去了趟菜场。每次去，我都选同一个菜摊。一来是老板热情实诚，招呼殷勤，算钱时总会抹掉零头，最后还会免费赠送一把香菜或是小葱。昨天，我去买菜，末了老板往我的袋子里塞了一把小葱，说："我都记得你是要小葱的了"。当时，我有些震惊，心里还有点暖。老板真是上心呀。二来是因为这家菜摊离菜场入口最近，我也懒得往里走。

买菜时，我经常不知要买什么，就会让老板推荐些当季蔬菜。今天，老板强烈推荐我买些甜玉米，说了好几遍"真的很好吃"。我就挑了两个，看着确实鲜嫩多汁。今年春天，我曾在老板的推荐下买过佛手瓜，简单清炒，味道也不错。

8月28日，多云，21—30℃

　　这半个月来，我忽然发现地铁北苑站到望京西站这一路的右边空地被牵牛花占领了。牵牛花五颜六色，白的、玫红色的、蓝色的、深紫色的、浅紫色的。它们或爬上绿色栅栏，或在地上匍匐，远远瞧去，像是栅栏开了花，地皮如刺绣。地铁一路晃悠，我就一路看着色彩缤纷的牵牛花，感觉自己穿过了一片花海。

8 月 30 日，雨转晴，20—28℃

　　这三天，我一直在观察一朵月季花开的过程。这个小小的爱好，每天花不了我两分钟时间，却带给我许多乐趣。我发现它的第一天，它还是花骨朵，只有最外层的花瓣有微微绽开的趋势。第二天，绽放一半。到了第三天，也就是今天，竟然完全盛开了。原来，一朵月季花开需要至少三天。

第一天，初绽　　　　　　　　　第二天　　　　　　　　　第三天，盛放

秋（2018.9—2018.10）

My nature journal : Autumn

还未入9月，就有了秋意。进了9月，秋意更浓，夜间的风一天比一天凉，空气中的水分也愈来愈少。天更高，也更蓝了，明净到可染蓝大海。白云常常变化模样，飘着飘着就消散了。远处楼群间露出的山头，在愈发干燥的空气里更加鲜明。秋老虎在作威，9月初的日头堪比酷夏，还是那样毒。

月中，秋雨下来，驱散了愁人的热，气温又降低好多。带着凉意的大风不时刮起，吹干了草木。树叶在强风中摇摆，发出哗啦啦的响声，果子渐红渐黄，在叶间若隐若现。惹眼的菊芋盛开，明黄色的花朵迎向太阳，在略有寒意的日子里温暖了人心。此时北京秋高气爽，于是我爱把菊芋盛开当作秋正式到来的讯息。

似是受到菊芋的召唤，也似感受到秋天来得快且留不住，悬铃木、白蜡、杜仲、槐树、爬山虎……都加快了枝叶变色的速度。槐树叶最先黄也最先落。9月下旬，每天清晨都见昨日空无一物的地上铺满金叶，而枝头还是碧绿一片。骑车经过树下，总有小叶飞落眼前。银杏果子已经成熟，掉了一地，被车碾压，被行人踩踏，或被老人捡拾，树叶却还未变色。

一进10月，秋就快到尾声了。雾笼罩着城市，露水趁夜打湿了树叶，夏季夜空里的星星向西移了很远。寒露之后，枫树、槭树、银杏、白蜡、黄栌、爬山虎的叶子皆红了黄了，颜色那般鲜明，将整个北京城变成了红与黄的世界。倘如你不曾见过白蜡，绝对想象不到，它的黄叶比银杏还要夺目。公园里的荷叶败了，工人撑着小船清理残荷；强劲的秋风一场接着一场，吹落了树叶，只余下红红黄黄的果子挂在枝头；风也更冷了，行人穿上了毛衣、风衣甚至大衣。

　　10 月一结束，北京的秋就到尽头了。可在夏日盛放的旋覆花、曼陀罗，甚至于春季开花的蒲公英，依然盛开着，不愿退场。

2018 年 9 月

9 月 3 日，晴，20—31℃

上周末，我在某处花坛中见到一种从未谋面的喇叭状小花，花心白色，花瓣周边一圈玫粉色。我用手机软件识别了一下，原来叫蓝猪耳。仔细看了看，这花还真有点像猪耳朵。

蓝猪耳的学名叫夏堇。因为花像猪耳朵，而且多是蓝色的，所以有了这个可爱的别名。夏堇顾名思义自然是在夏天开花，花形有点像角堇和三色堇。其实，它是玄参科蝴蝶草属植物，而角堇和三色堇都是堇菜科堇菜属。和夏堇关系较近的常见植物是阿拉伯婆婆纳、地黄和泡桐，它们同属玄参科。

9 月 5 日，晴，21—33℃

今天风大，吹得杨树叶沙沙作响。若是不往窗外看，光听声音，我还以为下雨了。

周作人先生曾在《两株树》一文中说过他很喜欢白杨。他这样写道：我在前面的院子里种了一棵，每逢夏秋有客来斋夜话的时候，忽闻淅沥声，多疑是雨下，推户出视，这是别种树所没有的佳处。

9 月 7 日，晴，16—28℃

最近，我发现几个商场外头和一些道路的隔离带里摆了许多盆栽鲜花，有艳粉的三角梅、金黄的菊花，还有一种我不认识的朱红色的花。最让我惊喜的是，居然在北京见到了三角梅！几十盆摆在一起，在夏末秋初单调的景色里特别"招摇"。最近，蓝天太美好，三角梅热烈的艳粉在纯净的蓝色衬托之下，显得更加明丽，让我回忆起在云南初见这种植物时的震撼。

云南大山里的三角梅

9 月 8 日，晴，14—27℃

今日白露。早晚凉飕飕。湖边，成片的芦花开始褪去青色，一束束穗子像马尾般轻盈灵动。花坛中的紫茉莉结出了许多小地雷般的黑色种子。等"小地雷"掉落土中，来年长出的这片紫茉莉一定会更加茂盛。

9 月 10 日，多云，19—28℃

天气真的越来越凉了，今早我刚出门，被冷风一吹，鸡皮疙瘩瞬间起了一身。再过一周，短袖怕是穿不住了。

一路上，我遇到许多提着菜回家的人。两男一女三个中年人从我身边经过，女士提着香菜，我听到一位男士问："今天香菜多少钱一斤啊？"

女士回答："三十。"

"三十好多啦，前两天四十五还是五十一斤。"另一位男士说。

从来不买香菜的我听到后惊呆了。不过上个月寿光遭遇洪水，蔬菜大棚全被摧毁，蔬菜价格节节攀升也是情有可原，这几天我买菜也明显感觉到价格上涨了。

9 月 14 日，晴，20—28℃

望京利星行中央的小花园设计得特别有心。布局错落有致，植物种类丰富，与一般的小花园完全不同，雅意十足。到了这个时节，这里开花的植物还有很多，我大致数了一下，至少有 6 种。

我最喜欢假龙头花，它们成片种在一起，占据了园内好几片地方，俨然是花园里的主角之一。假龙头花茎秆笔直，约有 1 米高，穗状花序从半腰开到顶部，花朵是钟形的，半腰处的花儿已经枯萎。花色有紫有白，以紫色居多，白色的我只看到一两株。假龙头花应该很香，我看到许多蝴蝶在它们上方飞舞，彩蝶白蝶都有，还有小小的黑色的蝴蝶或飞蛾。许多蜜蜂钻进钟形花朵里采蜜。花朵长约 3 厘米，蜜蜂钻进去后，完全没了影。

八宝也成片地开，紫粉色簇状的花连在一起，花蕊呈针状，远远望去像是花丛上方笼罩着一层雾气。它们也会招蝴蝶和蜜蜂。

重瓣棣棠花仍在开花，如果我没记错的话，它从春天一直开到了现在。

园内紫薇、玉簪、粉花绣线菊仍在盛放。紫薇花有两种颜色，紫粉色与深紫色。玉簪有两个品种，白玉簪和紫玉簪，花色如其名；白玉簪的花朵要比紫玉簪的大得多，花期却比紫玉簪晚得多，在 8 月初盛放。顾名思义，粉花绣线菊的花是粉色的，但我觉得更接近玫红色。它长在公园的边缘，紧挨着马路。我走过时，风特别大，它们摇曳着脑袋，十分可爱。我仔细瞧了之后，觉得它特别像小时候戴在头上的假花，尤其是花蕊，简直和假花上的串珠一模一样！哎呀，那时候，假花可是我们小女生的最爱呢。

　　园内还有很多结了果子的树。山楂和忍冬的果子红了。一种不知品种的海棠果黄了，是成熟的颜色，我特别想摘一颗尝尝。

假龙头花

玉簪

假龙头花是多年生宿根草本植物，可以活两年以上。冬天根部在泥下过冬，第二年再
发芽、生长、开花。它还有个特别随意的名字，叫随意草。

9 月 15 日，晴，15—25℃

这段时间真是吃葡萄的好时节。从大半个月前开始，也许更久，记不清了，我就经常从早市买些葡萄带到公司。卖葡萄的摊子就在卖平谷大桃的隔壁，每次从那儿经过时，都听到女摊主吆喝着："5块钱一斤，全都 5 块钱一斤啦！"

她家卖三种葡萄，一种是玫瑰香，一种是天津产的巨峰，另一种若是我没记错的话是北京产的巨峰，个头比天津的大，颜色也较深，我姑且叫它大巨峰，把天津产的巨峰称为小巨峰吧。

我会分辨大、小巨峰，还是从女摊主那儿听来的。有一次，我听到一位顾客问，两种巨峰有什么差别。我也好奇，就竖起耳朵听。摊主说了两者的产地后又说，大巨峰虽然样子好看，但不如小巨峰好吃，口感稍差。从我吃葡萄的经验来讲，摊主说得比较委婉，其实两者的口感差别很大。又一次，有人想买玫瑰香，摊上没有了，顾客问还有没有存货，摊主说，玫瑰香她家进得少，就是带着卖的，大家都不怎么爱吃。

小巨峰的确好吃，从销量上就能看出来，这个摊子上摆得最多，也卖得最快。不过，即使都是小巨峰，也要挑颜色买，颜色越深的越甜。有一回我买到一串深紫色的，比糖还甜。

9月16日，晴，13—25℃

　　前两天，我在小区绿化带的草丛间看到一丛萝藦结果了，这才反应过来，它居然是我小时候在野地里吃到的野果子之一呢。之所以在春天时我没能第一时间认出它，是因为小时候根本不知道每种植物的学名，只能靠多年在野地里玩耍的经验记得什么植物的果实在什么时节成熟。萝藦的叶子不能吃，在没结果子之前，我当然不会去关注它的模样啦，认不出来实属正常。

萝藦的果实外表坑坑洼洼，不是很好看，但只要掰开，最美味的部分就露出来了。
它能吃的部分与其他野果不同，是中间白白的像丝绒一样的东西。
主要吃的是水分，甜甜的。萝藦果实太嫩的话就几乎没有什么可吃的，
因此我们在寻觅时总会放过嫩果子，等到下个周末再去。
太老的果子则失去了水分，干巴巴的，也就不吃了。

今天我又去看萝藦的果实，结果在这片草丛里竟然看到了曼陀罗的果子！之前我只顾着看萝藦，没见到它。曼陀罗身上爬满了萝藦，若不是我凑近去拍照，怕是又要错过。我是第一次看到曼陀罗的果子，它们浑身长着刺，看上去很尖锐，让人不敢轻易去碰。这大概是它们保护自己的一种方式吧。

曼陀罗的果子

9月21日，晴，13—26℃

最近几天虽是阴天，但到了晚上，云还是会散开。今晚，风小了一些，没有一丝云，天空显得更加高远辽阔。我抬头一看，天鹅座正在头顶。进入秋天之后，它离我越来越远，似乎在以一种不易为人察觉的速度离开。我觉得，总有一天就再也看不见它了。昨晚的月亮是个胖了一些的半月，今晚它又丰满了一些。

前天，我见火星挪到了西南边，和月亮挨得很近，今天见它又往西移了一些。奇怪的是，我觉得它不像盛夏初见时那般红了，而是和大多数星星一样，发出黄白色的微光。仔细盯着它一会儿，我才发觉，黄白色中带点橙色。火星的亮度也有所减弱，不知是不是离月亮太近，被月光抢了风头。西边的金星似乎往西北挪了点，但不是很明显。最近，我没见到北斗星，不知它们是不是也变换了位置呢？

王勃在《秋日登洪府滕王阁饯别序》中写道：闲云潭影日悠悠，物转星移几度秋。

物换星移时刻都在发生，而我们时常忽略掉许多细微的变化，等意识到时只觉得一切变化太快，时光如梭呀。

9月24日，晴，11—23℃

今天是中秋节。

这一周来，北京又是难得的好天气，天朗气清。白天阳光刺眼到让人睁不开，晚上月光皎洁，明亮得仿佛是一盏挂在黑蓝天空里的灯。今天天气也很好，上午头顶天空不见一丝云彩，只有天边低垂着一些白云；下午云变得稠密，千丝万缕地连在一起铺满了天空，虽然后来又散了。我想，今晚的夜空应当有云，也就更加有意境了。

9月25日，晴转多云，12—24℃

　　周六，我在家附近的人行道上看到躺了一地的银杏果。成熟后的银杏果呈土黄色，落下后被行人践踏，在路面上留下一块块边缘不规则的深色痕迹。有些果子应是新落的，躺在道路最边上，完好无损。一位头发花白的老奶奶提着小袋子，沿路捡银杏果。

　　银杏果被踩破后会散发出浓重的臭味，这气味来源于果肉。我们俗说的银杏果其实是银杏的种子，而果肉则是裹在种子外的那一层。

9月26日，多云，14—24℃

　　上周的某一天，记得是在秋分之前，我在轻微摇晃的地铁上看到菊芋开花了。它们开在地铁沿线的荒地里，一丛一丛，在这花草逐渐变色凋零的秋季里，黄色花朵显得明艳而热烈，驱散了秋日的清冷。看着它，觉得天上的太阳似乎都亮丽了几分。我这才明白过来，自古人们在秋天为何会那么喜欢菊花。它们实在太热烈了，容易让人在渐凉的秋日里想到暖阳，想到温暖柔软的东西。

9 月 28 日，雷阵雨，11—24℃

　　昨天傍晚的秋雨一下就是几小时，雨丝密密匝匝，看似不大，低洼的地方却有不少积水。雨还没结束雾就起来了，当时我在公交站等车，只见不远处昏黄的路灯下白蒙蒙一片，细微的水汽一粒粒，似乎能看到它们在浮动。我深吸一口，感觉吸进了许多水汽。这是入秋以来的第一场雾，到今天上午才全部消散。明明都快到深秋了，今天竟然下了一场雷雨，又是大风又是打雷又是闪电。

9 月 29 日，晴，10—20℃

　　大风。超级大风。

　　我感觉人如果轻一点、薄一点，保证能飞出好几米远。温度很低，加上风超冷，有了冬天的感觉。

　　这几天，树叶的变化也越发明显了，尤其是悬铃木、槐树与银杏。槐树开始落叶了，一夜过后，树下必然铺了一层，如同它花落时的样子。栾树的果实也变化明显，有的枯红，有的泛黄。

槐树开始落叶。

我今早从栾树下路过，恰巧看到一只喜鹊站在栾树干上，距离我只有一两米。我仰头打量，发现它的白肚子特别明显。这只喜鹊一点也不怕人，左看看右看看，又低低地叫着，声音很轻很细。附近传来另一只鸟的应答声，我没有看到，它可能也在寻找。这还是我第一次如此近距离地观察喜鹊。

栾树的荚果

9月30日，晴转阴，12—20℃

我家附近的早市每天11点闭市。昨天就已决定今天要去买点蔬菜水果，因此一大早就起床筹备了。出门时大约10点钟，阳光很好，心情也莫名地好。刚走到小区的拐角处，见到一辆卖猕猴桃的骡车停在路边，车前围着好几个人，以小孩居多。卖猕猴桃的是个约40岁的妇人，对着往来的行人吆喝着，我急着去早市，因此没留意听。

等我赶完早市回来，骡车还在，车前的孩子也更多了。我想，骡子是最好的活广告吧，毕竟生活在城市里的孩子平时很少有机会看到。

说起来也真奇怪，我偶尔会在北京看到骡车或是马车在公路上欢快地小跑着，与汽车形成了鲜明对照。

2018 年 10 月

10 月 1 日，晴，12—26℃

晚上，我在小区外听见了虫鸣，微感诧异。虫子似乎想在寒意未完全入侵前努力抓住夏天的尾巴，唱最后一支歌。这叫声持续几秒，又停顿一会儿，再继续响起几秒，时断时续，似有一种微弱的执着。

10 月 2 日，晴，11—26℃

今天光照强烈。下午，我穿了外套在外走，不一会儿就热得冒汗。天气预报显示，最高温有26℃，我感觉一下子回到了夏天。天蓝得纯粹，没有一丝云。我顺着树梢看过去，蓝天衬托得绿色的树叶更加清新。若不是有几棵洋槐树的叶子全变成了黄色，我真还以为这是夏天的景象。

10 月 3 日，晴，10—27℃

前天，我见一家餐馆外搭了竹架子，上面爬着许多藤蔓和比手掌还大的叶子，一开始以为是葡萄。我在枝叶间找了半天，一串葡萄都没发现，倒是找着了两个葫芦，才知道这原来是一架子葫芦藤。两个葫芦还是青色的，也就十来厘米长。据说，没成熟的葫芦可以当蔬菜吃，但我没吃过，也没见过菜场里有卖的。成熟后，葫芦表皮会变成浅棕色，果肉转为木质。这时，就能将葫芦劈成两半，拿它当瓢或其他容器使用，还能把玩。

小时候看的动画片《葫芦娃》对我的影响太大，以至于现在看到葫芦，我都会怀疑它里面是不是住着小人，很想劈开一看究竟。它们圆乎乎的外形也很像小娃娃，俏皮可爱。

10 月 6 日，晴，9—20℃

　　我在某处地铁站的外面看到山楂红了，整棵树红火一片。

10 月 7 日，晴，6—22℃

　　早上出门时，我看到一对老夫妇正在小区里摘枣子。他们可是全副武装呢，带了梯子和口袋。小口袋放在脚下，老妇人站在梯子上够着树上的枣子，老先生则两手扶着梯子，仰头看着老妇人。两位老人摘得可认真了。最近这段时间的确是吃枣子的时节。脆脆甜甜，好吃得让人停不下来。

10 月 12 日, 晴, 6—20℃

　　我一直觉得洋槐的枝条和叶子比国槐更舒展, 在阳光下也更好看。光线从叶子间洒下, 会在树下
形成斑驳的阴影。这段时间, 国槐还是绿的。洋槐则有许多叶子已经变成黄绿色, 特别是向阳的一面,
叶子全黄了, 衬得蓝天更为澄澈, 蓝天又把黄叶衬得更加灿烂。

洋槐的花　　　　　　洋槐的荚果　　　　　　国槐的花　　　　　　国槐的荚果

国槐挂着几串青色的荚果, 一串上有三四颗圆鼓鼓的种子。

种子之间的荚壳很细, 整个荚果看着像一小串珠子。

洋槐的荚果扁扁的, 和紫荆的很像。洋槐花期在春天, 花有白有紫, 很香。

国槐花期在夏季到初秋, 目前我见过的都是白中泛着青色的,

似乎没什么香味, 花朵也比洋槐的小一些。

10月13日，晴，7—21℃

　　下午，我去柳荫公园转了一圈，见到几个工作人员撑着小船在湖面上清理荷叶。一半荷叶已完全干枯，另一半绿中带黄。我沿着岸边绕到离他们更近的地方，只见一个工作人员双手握一柄四五米长的杆子，在水下用力一划拉，荷叶就纷纷折了。杆子离开水面时，我才发现，原来向下的一头装着一把细细的弯刀，刀锋银白色，看着很锋利。他也用这根杆子划船，先将杆子完全拉出水面，重又塞进湖中，往船前进的相反方向，向水底用力一撑，船就灵活地到了他想去的地方。靠近岸边的湖水应该不深，杆子完全撑到底，也才没入水中一米左右。

　　清理荷叶的人将一柄干枯的莲蓬从茎秆处割断，在船舷上拍打几下，丧失了水分的莲子就纷纷蹦进船里。待莲子抖落干净，他将莲蓬扔给了岸边的一个中年大叔。我从他们的对话

中听到，大叔似乎要将干枯的莲蓬拿回家当干花。

我听大叔问工作人员："不挖莲藕吗？"

对方答："这里种的长不出莲藕。"

我沿岸边继续走了一段，又见到几位工作人员在清除残荷。湖中已几乎看不见荷叶。他们将割下的荷叶和莲蓬堆到岸上，摞起了高高的两堆小丘，不知后续要怎么处理。

10 月 14 日，霾，11—21℃

这时候的柳荫公园虽然不如夏天鲜花众多，但叶子和果实为单调的秋天增添了许多色彩。公园中几棵柿子树高达十数米，叶子所剩不多，许多橙红色的柿子挂在高高的枝头，看起来就好吃，可惜我够不着。鸟儿们这下可以一饱口福了。

一处篱笆上爬满地锦，叶子的颜色从深绿一直过渡到棕红，我都辨不清这一面篱笆上究竟有多少种颜色了。另一面篱笆是茜草的天下，它们的藤上缀满果实，如忍冬果般又小又圆，大部分已是黄色。忍冬的果子长在叶腋中，只有红豆大小，已完全是正红色。果子半透明，看上去汁水丰富，很是可爱。

忍冬的果子红了。

10 月 15 日，小雨有霾，11—17℃

今天的霾大概是今年来最严重的一场。整个北京一夜间变成了"仙境"，空气质量糟糕到不行，完全不想呼吸。

10 月 17 日，晴，4—18℃

今天是重阳节，好像要应节似的，是个彻彻底底的晴天。霾一下子都不见了，远山又露出了青蓝色的影子。天蓝得好似假的，没有一丝云彩。阳光白到刺眼。一个特别适合登高望远的好天气。

开始起露水了。今早我看到地锦叶上反射着阳光，凑近去看才发现叶上凝结着小小的水珠。之前我不曾注意过，不知是什么时候开始起的。

早上还去了一趟早市。青萝卜上市了，还看到了心里美萝卜。心里美萝卜被切开放在摊子上亮相，青色的皮，红色的芯，看上去清脆可口，可惜我不喜欢吃萝卜。至于水果，全都是秋冬季的，橘子、柚子、枣子、苹果、山楂，我还看到姑娘果上市了。昨晚看到小区门外有人在叫卖糖葫芦，三元一串，我买了串山楂，结果酸倒了牙。

10 月 21 日，多云有霾，6—17℃，空气质量指数：215

没想到在这晚秋初冬时节我竟然新认识了一种植物——地锦草，它和爬藤类的地锦可完完全全是两回事，看上去更像马齿苋，也和马齿苋一样紧贴着地面沿路边生长。这时候，它的茎秆已经变成红色，很好看。要不是它会变色，我还以为就是马齿苋呢。地锦草是一味中药，全株可入药。据查，用水煮开之后，用汤水漱口可以治疗牙龈出血。

10月25日，霾，7—17℃，
空气质量指数：180

　　白蜡的叶子几乎全黄了，一棵棵金灿灿的，在蓝天下分外耀眼。有的树叶子已落尽，只剩一丛丛黑色的枝丫。银杏叶也渐渐黄了，有几棵整树金黄，相邻的树却还是绿的。

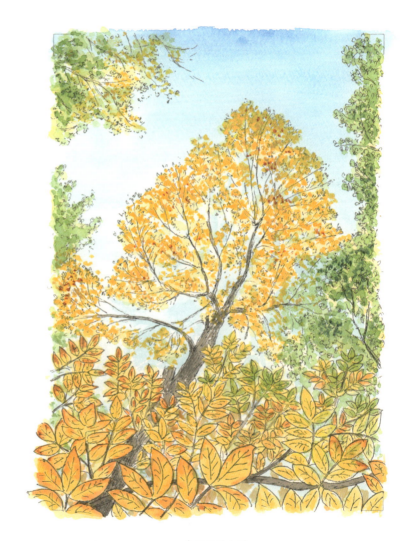

金灿灿的白蜡

10 月 27 日，晴间多云，7—18℃，空气质量指数：49

　　芦苇大多开出了芦花，茫茫一片白色中掺着点棕黄，在风里摇摆。小檗的叶子大致有三种颜色，下部黄色，顶部深紫红色，其间还有些淡紫红色，远看五彩斑斓。

　　很多家长带着小朋友在公园里晒太阳。孩子玩得不亦乐乎，大人就顾着聊天拍照。一个小男孩对妈妈说："妈妈别拍照了，我们是出来玩的，又不是来拍照的。"如今的大人看到美景的第一反应似乎就是拍照，我也不例外，而孩子只是纯粹欣赏。其实无论怎么拍，都不如亲眼所见的景色好看。我们真应该试着放下手机，单纯看看风景。

　　我见到一个女孩抱着猫出来遛弯。猫用绳子拴着，看起来有点害怕，倒是没有叫，很安静。能把猫主子带出门就是一种胜利啊。

10 月 28 日，晴，3—18℃

　　昨晚我听见外面发出巨大响声，一开始以为是车子驶过不牢固的井盖或铁皮板发出的声音，但响声持续很久，且没有强弱变化，又仔细听了一会儿才推断出竟是风声。风可真大，后来还时不时能听见东西敲击窗玻璃的声音，可能是风刮起的小石子。今日白天的风依然很大，有四到五级，傍晚才减弱一些。

　　银杏全黄了。

10 月 29 日，晴，3—15℃，空气质量指数：26

　　等公交的时候，我看到一只乌鸦渐飞渐远，最后成了一个蓝天里的黑色小点。我到北京之后才知道城里的乌鸦非常多。还看到一只喜鹊从我头顶飞过，停在了地铁边的屋顶上。那里原本已停着一只，不知这只凑过去在交流什么。从秋季开始，喜鹊也好，麻雀也好，都变得越来越胖，在为过冬做准备，不过现在还不是它们最肥的时候。等到进入冬季，麻雀就会变成一个球，可爱得不得了。

10 月 30 日，晴，1—16℃，空气质量指数：40

上一周，我每天早上从地铁下来去坐公交时，总能在途中看到几株蒲公英，又在开花又在结籽，忙得不亦乐乎。蒲公英在早春就开花了，我没想到花期这么长，竟然到十月末还在开。

这几天晚上，我在一处工地边缘看到旋覆花也在顽强地开着。它们紧挨着铁皮墙根盛放，特别热闹。锦带花也依然在开，我查它的花期，在 4—6 月，可它开过一个夏天后，又开过了一个秋天，有一种总也开不完的感觉。

旋覆花

锦带花

10月31日，晴，3—17℃，空气质量指数：59

在北京早市与菜市场大批消亡的这两年，我家附近的露天早市得以幸存，成了我买水果的主要阵地。入秋后，一位摊主每天运来整卡车的柚子，于是我知道吃柚子的季节到了。不过第一波上市的水果成熟度不足，口感稍差，因此柚子上市一段时间后，我才开始买。到今天，快有半个月了。

我买柚子都换着品种来，不分贵贱（不过最贵的也就六七元一斤），主要是想试试哪个品种好吃。市面上的柚子大都标注是琯溪产的，具体是不是不知道，统称为琯溪柚。再细分品种，有琯溪红柚、琯溪黄金柚、琯溪蜜柚。琯溪蜜柚最常见，果肉淡黄；黄金柚的果肉呈金黄色，大概因此得名的吧；至于红柚嘛，果肉就是红的咯。还有一种叫三红柚，是红柚的一种，但它是从琯溪蜜柚改良而来，就当它也是琯溪柚吧。

虽然都叫琯溪柚，可因身份不同，装扮也就不同了。琯溪蜜柚最便宜，有的就套个塑封，加个网兜直接卖，大约两元一斤或更便宜；有的细心地打上标签，再套个袋子，一看就知道要贵些。至于黄金柚与红柚，自然要比普通蜜柚贵。

说到口味嘛，吃了那么多个柚子，我可以这么说，都差不多。黄金柚与其他柚子的口感略有点差别。但我更偏爱红柚。有一次运气好，买到一个水分十足的三红柚，掰开的刹那就流出汁水。它是我吃过的最多汁味美的红柚，之后再也没买到过这么好的了。要买到好吃的柚子，唯一的挑选法则就是拿起来掂量掂量，重的话说明水分足。至于美味与否，就交给运气吧。

冬 （2018.11—2019.2）

My nature journal : Winter

　　每年天气转冷时，想到漫长的冬季，我心底便滋生出忧愁。但冬不会因为我的愁放慢脚步，一入 11 月就迫不及待地来。离开时又那么慢，似个懒汉，不紧不急，在来年 3 月。

　　我把 11 月 15 日当作北京正式入冬的日子，即使此前冬已至。从这一天起正式供暖，在之后的 135 天里，暖气会一直温暖着这座城市。我不喜北京的冬，却爱惨了这暖气。习惯了暖气之后，我便再也受不了南方冬季的湿冷。

　　南方的冬，阴冷潮湿但短暂，植物仍是绿色；北方的冬，还未至一半，树叶就落尽，满目毫无生机的灰褐色；它又是那样漫长，似乎没有尽头。人在这无尽的冬日里，一天天变得忧郁。

　　倘若你不曾在北京过冬，就不会明白，最冷的日子其实是供暖前的半个月。那时气温多变，最低气温偶尔会降至冰点，大风还会吹走不多的暖意。待在室内，寒气从脚底升起，冷得彻骨，十分难耐。可此时的银杏最美，金色的叶在寒风中翩翩飘落，光彩夺目。

　　11 月中旬，暖气烘烤着，室内犹如初夏，屋外的风却更加刺骨。锦带花、蒲公英、牵牛花依然盛开。每每瞧见，总让我感动，也就不再惧怕漫长的冬天。那些生命也许柔弱，却没有败给寒风。我也爱看冬季里胖成球的麻雀。为度过漫长的冬季，这些可爱的小家伙们在秋季努力积攒能量，吃胖了自己。看它们在地上活泼泼地跳着，专心觅食，有人接近则扑棱着翅膀飞走，心底没来由生出一些柔软的东西，由冬天而来的忧愁也就消散了。

　　11 月末，河面结了一层薄薄的冰。越接近

12 月，天越冷，冰越厚，最低气温降至零下十几摄氏度。幸运的年头里，或可赶上一场或几场雪。只可惜北京的雪不常下了，有时一个冬季都没有，雾霾却常常有。要看雪，或要等到来年冬末初春时。

　　12 月中下旬到 1 月上旬是最冷的时候，但此时冬季才过去一半。年味渐浓，大棚里培育的草莓悄悄上市。然后春节来了，立春到了，气温渐渐回升。南方正值草木萌动，阿拉伯婆婆纳的蓝色小花点缀着地面，风中有春的气息。可北京的冬，还很漫长，还要再等等，再等等，一直到 3 月初，春天才会到来。

2018 年 11 月

11 月 5 日，晴间多云，0—10℃，空气质量指数：36

　　昨天，淅淅沥沥下了大半天雨，还起了雾，真罕见，像极了南方阴沉沉的秋天。空气好清新，每吸一口气都能吸到饱满的水分。虽然温度掉了几度，但还是让人开心。

　　去年秋天，我和朋友在地坛公园见到银杏和悬铃木很美，想着今年也不能错过，于是下午就去地坛走了走。各种颜色的树在雨天里有种别样的美丽。

　　从地坛西门的牌楼到售票处的一段路两旁都是银杏，叶子已全黄了。虽然银杏单看一棵也很好看，但还是成排的更有气势，给人强烈的视觉冲击。地坛里有好几条银杏道，路面几乎要被银杏叶铺满。一阵风吹来，树上的叶子旋转落下，像一只只黄色蝴蝶扑向地面。每一条银杏道上都挤满游人，想拍张单人照是不可能了，总有陌生面孔强行入镜与你合影，还有新人来这里拍婚纱照。

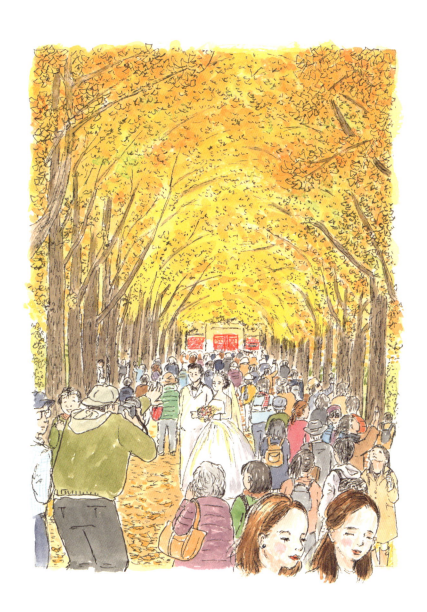

地坛有两三棵巨大的悬铃木，也很好看，怎么也有几十米高。人站在树下，显得渺小无比。去年秋天，我见到它们满树金黄，在阳光下闪闪发光。通常悬铃木的叶子一变黄后就会很容易掉下，今年不知何故，很多叶子在枝头就已枯萎。树下的草地还是绿的，上面落了许多枯黄的树叶，黄色和绿色互相映衬，很是好看。

枫叶大多成了黄色和红色，树下也落了不少黄叶，叶子上有红色的斑点。如果它们还待在枝头，由黄变红应该指日可待。

除此之外，榆树、白蜡的叶子也黄了，一棵丁香树上的颜色丰富到我都数不清到底有多少种。北京的秋天很短，今天树叶黄了，明天叶子可能会落掉一半。

11月6日，晴间多云，−2—1℃，空气质量指数：18

早上刚出门不久，我就听见头顶传来"呱呱"两声乌鸦叫，北京的乌鸦可真多。

不知是不是错觉，我总觉得周日的雨下过之后，树叶加速变黄，连白杨的叶子都在一夜之间黄了许多。一眼望去，整个世界的色调不再是绿的。我每天都能见到路上躺了许多落叶。

这几天，公司附近的草坪看上去一片枯黄。今天路过时瞥了一眼，其中竟有几株野草还是绿的，而我只认出了车前草。

11月7日，晴，2—12℃，空气质量指数：55

最近买的橘子都不好吃，既不甜，汁水也不丰富，滋味寡淡，有的还带着点行将腐烂的气息，但一个个外表倒是油亮橙黄的很好看。现在正是橘子上市的时节呀，为什么橘子会不好吃？我百思不得其解。

11月8日，晴间多云，0—13℃，空气质量指数：93

来暖气啦！现在还是试供暖，暖气片只散发出微微的热气，但睡到半夜，我还是觉得热。

这两天下班后，我和李小喵都看见有人在路口烧纸，一查才知道今天是农历十月初一，寒衣节，又叫"十月朝""鬼头日"，是中国的三大"鬼节"（另两个是清明和中元节）之一。寒衣节流行于北方，山西、河南、河北、山东都有这一习俗，难怪我之前不知道。

寒衣节要为亡者送寒衣过冬，因为农历十月初一之后，天气就一天冷过一天了。祭祀时，除了奉上一般的供品外，还要将纸衣烧给去世的亲友。活着的人借此表达对已逝亲友的怀念。

据说，除了为亡者送寒衣之外，生者也会进行一些传统的活动。从前妇女们要在这一天将做好的棉衣拿出来，让儿女和丈夫穿上。如果天气尚暖，不适宜穿棉衣，也要督促他们试穿一下，图个吉利。男人们则要在这一天整理火炉和烟筒，试着生一下火，保证在寒冬时一家人能顺利取暖。

11 月 11 日，晴间多云，1—15℃，空气质量指数：71

最近，北京许多地方都在修路。修路的地段到处都是尘土，遇着了还要绕着走，十分不便。今天，我发现柳荫公园离我家最近的北门被封了，说是要改造。早上，我去公园就不得不绕一大圈，从西门进。路上还碰见一个奶奶问我稻香村（就在北门旁边）怎么走，她说自己平时都从北门出，现在北门封了，只好从西门出来，绕了一圈，转向了。

进了公园，终于清静了，天都蓝了许多。西门右手边的几棵柿子树上叶子寥寥无几，十几米高的树枝上挂了许多果子，颜色鲜亮，应该很甜。

我沿着湖边走，水里的植物都被清理掉了，水边只剩一些芦苇。它们大多抽出了绒毛，白白的一小片在微风里抖动。湖面空荡荡，水浅了不少。我突然听见湖面上传来"扑通"一声，望过去，只见几条红鲤鱼安静地摆尾，幅度极小。现在它们是湖里最鲜艳的颜色。

垂柳和半个月前相比黄了许多，叶子扑簌簌地掉。旱柳毛茸茸的头顶也黄了，只有靠近主干的叶子还绿着，一棵树的颜色层层分明。今天我才发现，东门旁有一排高大的悬铃木，平时光注意路旁的花花草草，忽略了它们，今天一抬头才看到都变黄了，在阳光下金灿灿的，太好看了。原来，我们熟悉的地方也有可以发掘的美景。即使是我以为自己多么熟悉的地方，也有一些东西被忽视了。

垂柳的叶子黄了许多。

我在湖边走着时，听到不远处飘来悠扬的手风琴声和歌声，拐过一个弯，看见一个阿姨端坐在公园的长椅上拉手风琴，唱歌的是一个大叔。两个人像是有共同爱好的朋友，相约出来练歌，神色轻松愉快。我走近时，他们已经停下了，大叔在教阿姨唱歌时要怎么发声，阿姨就在他的指导下一次次练习，声音中气十足。我走出很远之后，还能听见她练习的声音。做着自己喜欢的事情的样子真棒呀。

11月12日，晴，2—14℃，空气质量指数：199

上周某天晚上，我们在公司附近吃饭，点的一道牛蛙迟迟没上。等了很久后，主厨端来一锅热乎乎的牛蛙，抱歉地说："不好意思啊，店里的牛蛙没了，是去菜场现买的。"我们一问才得知，附近就有个菜市。

今天中午我们"牺牲"了午睡时间去寻找菜市。按着地图 APP 提示走，进了一个小区。还没进菜场我们就已经开心死啦，整整一幢小楼都是菜场，不过名字已经从"果蔬大卖场"改成了"果蔬超市"，一看就是新装修的。

走进去，长管日光灯把菜场照得亮堂堂，每个摊子上的蔬果都摆得整整齐齐，看上去水灵灵的，非常新鲜。菜品丰富极了，葡萄苹果香蕉、鸡鸭鱼肉虾蟹、青菜萝卜豆腐西红柿，还有一些南方才能见到的蔬菜，如儿菜和鱼腥草。也有专门卖调味品的摊子，甚至还有小餐馆和其他一些与生活息息相关的小店，比如一家花店，一家做被子的，还有卖衣服的，加工玉石的……

买完菜出来，我忍不住"嫉妒羡慕恨"，这个小区里的住户实在是太幸福了，有个这么好的菜市场。关键是它开到很晚，下班后去也可以。

（成书定稿时说起，这个菜市现已没有了。）

11月16日，晴，−3—8℃，空气质量指数：20

这两日，我在家与公司附近都看到园丁们在为植物们过冬做准备。他们先在冬青等灌木周围打上

细木桩，再用墨绿色的尼龙布盖住。有些植物已经被全部遮盖住；有些木桩才刚刚打好。园丁们还爬上高高的树，用锯子为落叶后的树修枝。豌豆豆说，早在一个月前，奥林匹克森林公园中就有人在为树干刷白漆。说漆其实并不准确，它的学名叫涂白剂，主要原料是白石灰。在北方，每年秋季入冬前，都会为树刷上涂白剂，从树根往上刷，大约有一米高。这么做的目的是防虫害和防冻。

11 月 17 日，晴有霾，-2—9℃，空气质量指数：142

　　进入深秋之后，我本打算留心牵牛花花期何时结束，可似乎就在眨眼间，它们全都不见了。我以为错过了日子，却不想今天给了我一个意外惊喜。

　　早晨我从一处花坛前路过时，离得老远就被其中几丛淡淡的绿吸引，走近看发现还有几抹粉色夹杂其间，原来是花苞闭合的牵牛花。这一片牵牛花应是今年秋天才发芽破土、生长、开花的，因季节不合适，枝藤抽得很短，又没有可攀缘的东西，只能匍匐在地面，花儿几乎贴着根部开。叶子倒是长得十分肥硕，绿油油的，也许是因为周围没有太多植物与它们抢养分。但毕竟现在是冬季，部分叶子

苦苣菜

有半边已经枯了。

　　牵牛花的旁边还新长出了几株曼陀罗，与春夏生长的相比，要矮得多，叶子也很肥大，颜色很深。曼陀罗也鼓起了许多花苞，似乎不走完整个生命历程不甘心退场。花坛一隅的苦苣菜长得又高又壮，比牵牛花与曼陀罗高出好几个头。茎秆泛着红，叶子主要聚集在根部，顶部的花儿开得十分灿烂，在阳光下金灿灿的。

　　昨日我便已做好度过这萧索、寒冷、无一丝绿色的漫长冬日的心理准备，却不想今天就看到这个小花坛里孕育出的好几种生命。它们好似在对我说：瞧，冬季也不那么可怕难熬。意外的惊喜总是在前方等着你，只要不停下脚步，就能撞上。也许，不久之后，我会看到曼陀罗花开。

11 月 18 日，晴有霾，–3—12℃，空气质量指数：63

  自来暖气以后，我只有一个感受：热！！家里也好，办公室也好，都成了蒸笼。即使开着窗，依然恨不得换上夏装。可屋外却是实打实的冬天，树叶全都落光，只余下光秃秃的树干，一些顽强的小小果实还挂在树上。

  昨晚我从一排栾树下走过，猛然发现它们是那样苍老，树身疙疙瘩瘩，枝丫虬结，树皮黢黑，像七八十岁的老人。看着它们，脑海里突然闪出马致远的那句"枯藤老树昏鸦"，一下子就明白了"老树"该是个什么模样，乏味的景色因这句曲词添加了一抹诗意。

11 月 19 日，晴，–2—11℃，空气质量指数：170

  下午五点左右，半月已经挂在半空中，明晃晃的。今天的日落时间是 16:53，日出时间是 7:03，白天只有 9 个小时。

11 月 20 日，晴，–1—1℃，空气质量指数：70

  今早的云真好看，像是有人用一把巨大的刷子蘸了白色颜料，在蓝天上轻描淡写地扫了几笔。云层稀薄，还能依稀见着背后的天。

  上一周风大，路上满是落叶。昨天，我见到几个环卫工将落叶堆在一起，装进大麻袋，不知要运到哪儿去，做什么用途。今天，落叶被清理得差不多了，地上只有些刚刚飘下的树叶还没被收拾掉。

环卫工在清扫路上的落叶。

11 月 23 日，阴，–3—7℃，空气质量指数：170

　　从公司的窗户望出去，可以看到一个小小的公园。最近，我发现其中的树叶似乎每天都比前一天少一些，越来越秃。要知道，盛夏时的小公园一片郁郁葱葱，所有树都紧挨着，形成了一个密不透光的罩子，完全望不见下面有些什么。现在，透过光秃秃的树枝缝隙间，我能看到公园中枯黄的草坪和蜿蜒的小径。相信再过不久，小公园就应该一览无遗了。

2018 年 12 月

12 月 1 日，晴有霾，2—8℃，空气质量指数：285

午后，我路过柳荫公园，发现入口处的一排花坛空了，原先种的是紫茉莉。另一个花坛中种着一大丛迎春花，枝条细长茂密，许多垂到了地上，叶子寥寥无几。我原以为整棵植株都秃了，想不到凑近一看，每一根枝条上都有许多小芽，也不知是花芽还是叶芽。这些小芽生长在叶腋之中，数量还真不少。

迎春花的花期通常在 2—4 月，叶子在开花后才会长出来。
花芽和叶芽在前一年就长出来了，冬天会休眠。因为花芽生长所需温度比叶芽低，
所以待到天气转暖，花会先行开放，而后叶子才开始生长。

原来冬天里，植物们并非真正凋零，而是默默在为来年的盛放和生长积蓄能量呀。在天气寒冷和光照较少的情况下，它们摒弃了需要大量养分支撑的花朵和叶子，将有限的能量一点点储存起来，只待生长环境渐渐好转，就慢慢展现出自己最美好的一面。

12 月 3 日，晴，–3—7℃，空气质量指数：450—100

今早起床后，我向窗外望去，只见满眼昏黄。天气预报的天气状况一栏写着扬尘，危害健康，空气质量指数 450！外头的风很大，将窗户吹得呼啦啦地响，也不知是什么时候刮起来的。天空中云层密布，能见度比昨天高了许多。风刮了大半天，傍晚时风势才稍稍减弱，云层也薄了许多，透出淡蓝的天色。空气质量指数从 450 逐渐下降到了 100，看来明天雾霾有望消散了！

12 月 5 日，阴，–8—2℃，空气质量指数：130

今天，我见到的几只麻雀都比之前见的圆了许多，比夏天时见的更是肥了不止一圈，肚子鼓囊囊的，长着白毛，几乎是一个个小圆球。它们在光秃秃的树枝上轻巧地拍着鸟尾，灵动可爱。虽然胖了，行动却丝毫不受影响，轻轻扑棱翅膀就跃上了枝头。

上：冬天的麻雀；下：夏天的麻雀。

下午，我见公司附近一些长着行道树的花坛中都铺了一层褐色的树皮，真是稀奇，以前从未见过，可能是给树木保温用的吧。北京冬天的最低温会降到零下十几摄氏度，风又大，很容易带走地面的热量，所以必须给树木做些保温措施，以免它们冻伤。

12月9日，晴，–10——1℃，空气质量指数：110

虽然今年的柚子不论便宜的还是贵的都非常好吃，但架不住天天吃。可除了柚子，我实在不知道吃啥。排除许多不吃的水果后，大概也只剩下丑柑和橙子了。可上一周还是上上一周，我从超市买了几个丑柑，难吃至极，总共买了四个，现在还剩下三个在家落灰。

上一周，豌豆豆买了两个橙子带到公司。原本对它们不抱期望，没想到一试之下好吃到不输柚子。微甜中带着酸，汁水很多。我们于是决定把橙子作为接下来的餐后水果。

可是，等到橙子吃腻了呢？要知道，到来年春夏之交应季水果上市时，至少还有四个月呢。唉，一到冬天就闹水果荒。即使是奢望，也希望冬天短一点，或者，冬季的水果再丰富一点。我已经开始盼望来年春夏的应季水果了：樱桃、草莓、桃子、葡萄……哎呀，口水要流下来了！

12月11日，晴，–10——1℃，空气质量指数：42

今天是个艳阳高照的大晴天，空气很好，却前所未有地冷。大风呼呼地刮，像一个大力士，阻碍你前行或是强推着你前行。我不敢迎风走，感觉连呼吸一下都需要勇气，手也不敢放在口袋外。冷得我戴上了羽绒服的帽子，又把脸埋在厚厚的大围巾里，才敢在这冷风中前行。可即便如此，需要走路的部分还是一路狂奔，生怕在屋外多待一秒。

在公司楼下等电梯时，听到一个女生忍不住抱怨："妈呀！这天儿也太冷了吧。"听口音是东北人。我瞥了一眼，只见那姑娘穿着一件很薄的羽绒服（或是棉衣），没围围巾，缩手缩脚的，一直在哆嗦。我佩服她的勇气，敢在这么冷的天里穿得这么少。也许是她低估了今天的温度吧。

12月14日，多云，–9—3℃，空气质量指数：160

昨天，我站在公司窗边向下望，看见荒地上居然有两只全身带毛的小动物，一白一黑，竖着尾巴，灵巧地跑跳，这里闻闻，那里嗅嗅，应该是两只小狗在找吃的。过了一会儿，我的视野中又多了几只小狗。呵，最后数了数，竟然共有五只，三白两黑。它们似乎是同伴，凑在一块儿好不热闹。

一开始，我只看到一白一黑两只小狗时，还以为它们是被人放出来遛弯的，但看到最后，也没见荒地旁有什么人在等待，所以我觉得应该都是野狗。北京的野猫多，每个小区总有几只，但野狗我还是第一次看见，而且还是五只。这片地方至少荒废了大半年，也不知道它们能不能找到食物。今早，我又在荒地上看见了一只小黑狗，应该是昨天见到的其中一只，不过这回没见着它的同伴。

北京的冬天风大，温度又低，不知这些野生的小动物怎么过冬呢？

12月17日，晴，–3—9℃，空气质量指数：100

真奇怪，温度陡然上升了，最高温居然有9℃。即使拿上周的最高温 –3℃和今天比，温差也达10℃以上。

上周四我去了一趟医院，见到了北京冬天早晨七点钟太阳还未升起的景象。自夏至以来，太阳起得一天比一天晚，落得一日比一日早。那天早上七点二十几分太阳才升起。我去医院时，红日还未升上地平线，但余光已经洒射出来，把东边与南边的天空染成了橘黄色。西边天空则成了紫色，一层淡淡的紫，紧挨着地平线。我以为认错了方向，打开手机上的指南针再次确认，是西方没错。我从未见过早晨的阳光可以把西边染上色，更别提是紫色。那一日，我怕是见到了奇观。也许是我孤陋寡闻，毕竟我平日根本不会这么早起，几乎不曾见过清晨北京的模样。

那天清晨，我还看到两架飞机拖着长长的尾巴在碧蓝的天空里相向航行，尾巴也被红日的光芒染成了橘色，如两颗彗星。飞机前灯还亮着，在天空里愈发明显。

那是一段太阳升起前较为宁静的时光，可繁华热闹景象已初现端倪，宽阔的马路上汽车紧紧挨着，匆忙地奔驰着，有些路段已拥堵。上班时间早的人们已在公交车站等候，或川流不息地赶往地铁口。

12月23日，晴，大风，–8—1℃，空气质量指数：55

上一周天气暖和，有两三个晚上，我骑车去地铁站，一路上总有甜甜的烤红薯香味随风飘入我的鼻腔里，把我肚子里的馋虫都勾出来了。

烤红薯的摊子通常摆在一段人行道的中间地带，比较隐蔽，往来的行人似乎不多，可诱人的香味是它最好的招牌，总有人被吸引过去。一天晚上，我骑车到那个路段，有两个姑娘也闻到了香味，转动着头找摊子，终于找到了。

一个姑娘问另一个姑娘："要吃吗？"

　　她们好像有要紧的事儿要办，那个姑娘回答："办事要紧，回来再买呗。"

　　她们头也不回地走掉了，不知道折回的时候有没有买。

　　我也想吃烤红薯，但不敢轻易买，因为这些年买的烤红薯没一个好吃的，不是烤得一点儿都不香，就是掰开之后软趴趴的水分太大，与我儿时吃的自己做的烤红薯相比差远了。

12 月 24 日，晴，–10—1℃，空气质量指数：150

今早出门前，我看了眼天气预报，气温零下 10℃，体感温度零下 16℃！怀着要被冻死的心打开门，走出去后居然没有觉得很冷，一颗悬着的心放下了。哪知才走了十分钟，我的耳朵和脸颊就像被针扎了似的疼，零下 16℃真的好冷！所幸没什么风。来往行人的脸前都飘着团白汽，真正的冬天来了。许多楼房顶上也有大团白汽向上缓慢升起，这是烧暖气排出的水汽（烟？）。地上但凡有点水都冻上了。上周六，我见到一条河的表面结了一层薄冰，有些地方没完全冻上，还能见到流水，昨天气温降了许多，河的表面就完全冻住了，看得出冰层还挺厚。

今天是平安夜。各大商场早早装饰上了各种圣诞元素：麋鹿、圣诞帽、圣诞树的贴纸、缀着金色塑料球和松果的圣诞树枝，当然最显眼的就是门前的大圣诞树，背景音乐也都换成了圣诞歌曲，就差一场雪了。虽然我没什么过节的执念，但置身这样的氛围中不禁也有点期待圣诞节了。

12 月 26 日，晴，–12—2℃，空气质量指数：35

我在公司附近的一棵杨树上看见一个鸟巢，它牢牢地卡在几乎是最高的几根粗壮的树枝之间，距离地面应该有十几米吧。远远看去，鸟巢呈倒圆锥形，看起来松松散散，搭巢的材料中似是有小树枝和干草。它以几根树枝的分叉处为巢底，开口向上，杨树枝叶茂盛时，应能挡住风雨。但到了冬天，树上叶子一片也没有，一旦刮风下雨下雪，鸟儿岂不是要冻个半死。也不知这是哪种鸟儿的巢。我看了一会儿，没有一只鸟从巢中飞出，或飞回巢里。

我上网搜了一下，对比图片和文字后得出结论，它八成是个喜鹊巢！资料还显示，喜鹊巢的开口看着朝上，其实不然，开口是在侧边，这样雨水就不会直接落入巢内。虽然资料这样写，但我还是有点无法相信，真想一睹喜鹊巢的真貌，但是无奈巢太高，这个好奇心八成是满足不了了。

看上去松松散散的喜鹊巢其实坚固得很。喜鹊们会将筑巢的地点选在树上多枝丫的地方，这样就保证了外部筑巢环境的相对稳定。它们选用的筑巢材料从外到内有好几种，最外层是干硬结实的大枝条，接着是小树枝，最里面则是柔软的羽毛，保暖性能最佳。

12月27日，晴间多云，–12—6℃

今天好冷！早上出门前，我看了一眼天气预报，体感温度零下18℃！一出门，寒气扑面而来，从衣服的每个缝隙中钻入，身上积蓄的热量瞬间被夺走。

走出楼道，我才发现风好大！一开始觉得还好，不是很冷，结果才走了没几分钟，耳朵、脸颊和鼻子上都有了刺痛感。我赶紧掏出口罩戴上，脸和鼻子暖和了一些。但可怜的耳朵毫无衣物遮挡，就只能任风吹了。我一度以为耳朵要掉了，因为刺痛感太强烈，像有好多小针在同时扎它们。走一会儿，我就用手捂一会儿耳朵。我的眼中含着泪水，视线微微模糊，已经分不清楚到底是耳朵痛得要哭了，还是大风吹得我要流泪。

今天真是这一年来北京最冷的一天了。室友说，她出门后想告诉我外面超级冷，但是手机居然冻关机了。我们家的门锁是内置电池的密码锁，明明还剩25%的电量，昨晚却毫无征兆地罢工了，从外面打不开，可见温度有多低。今天的风力达4—5级，阵风7级左右，但傍晚时地平线之上天空微黄，霾居然顽强地升上来了。

12月29日，晴，–14—2℃，北风3—4级，空气质量指数：38

今天的气温跌破新低，最低温只有零下14℃！但可能因为风不大，所以我觉得没前两天冷。我在买手抓饼时，见到一件有意思的事。摊主在煎饼鏊子上磕了一个鸡蛋，扔掉蛋壳，蛋白裹着蛋黄"噗哒"一下跌落在鏊子上，居然没有流开，而是保持着在蛋壳中的状态。蛋白还带着小冰碴，反着光，亮晶晶的。原来是天气太冷，鸡蛋都冻住了，这景象我可是第一次看见。

12月30日，晴，–13—3℃，西南风1级，空气质量指数：35

我家附近有个万能的菜市场，不仅有卖蔬菜鱼肉米面的摊子，还有花店、炒货店、修鞋铺、奶制品铺子等，总之，这个市场能满足居民的一切基本日常生活所需。今天下午，我去市场买菜时路过花店，瞥了一眼，摊位上多了水仙和风信子。水仙养在扁平的青色瓷盆中，雪白的鳞茎一半没在水中，每一盆都长出了十几厘米高的叶子。风信子则像一头头缩小版的洋葱，被放置在沙漏状的透明花瓶里，一小半球茎浸在水里，球茎下长出了些许根须，叶子倒是没长几片。

风信子　　　　　　　　　　　　　　　水仙

2019 年 1 月

1 月 1 日，晴，–10—1℃，北风 3—4 级，空气质量指数：73

　　今天，我在走去地铁站的途中，发现路旁一棵冬青树的叶子全都失去了水分。每片叶子都如一张圆纸片，微风一起就能听到它们互相摩擦的沙沙声。叶子依然是绿色的，边缘略微发黄，不再充满生命力。北京的冬季，常绿植物看上去和光秃秃的树没多大差别，灰头土脸，没什么生气。

1 月 2 日，–8—1℃，南东南微风，空气质量指数：129

　　昨天豌豆豆告诉我草莓上市了。我这才想起来，前天去超市也看到了大量的草莓。其实，冬季上市的草莓是大棚里生长的反季节水果。应季生长的话，本是早夏上市。

1 月 4 日，晴，–8—2℃，北风 3—4 级，空气质量指数：34

　　这次天气预报非常准，昨晚果然刮大风了。今早出门一看，霾被吹得一干二净，天空淡蓝，云像薄纱飘在空中，不一会儿又被吹成其他形状。天气好到让人觉得神清气爽，我们趴在窗边看远山，一清二楚。到下午，空气更加通透而清明，两层黛色远山此起彼伏地横亘在地平线上，像假的。最让人惊喜的是，傍晚我到窗边打望时，恰巧看到美丽的晚霞染红了半边天；而飘浮在它上方的云，因为光线的关系变成了淡墨蓝色，气势十足。已经好久好久没看到这么漂亮的晚霞了。

1月6日，晴，-6—2℃，东北风1级，空气质量指数：165

　　今天是腊月初一。一入腊月，年味越来越足，大家开始忙着为过年做准备。超市是最先热闹起来的地方，门口挂上了一排又红又大的灯笼，许多年味十足的货物也被摆上了货架。刚进去我就看到一排的红色大礼盒，里面装着各式各样的零食，标签上写着"促销"二字。走到卖衣服的地方，看到新上的红围巾、唐装式样的红衣服；顺着货架走到卖酒的地方，看到许多成箱出售的酒。大概只有生鲜区还是日常景象吧。

1月9日，晴，-9—3℃，西南风3—4级，空气质量指数：160

　　下班后，我从公交站走回家要经过一座天桥。天桥下有一棵大约两米高的忍冬，前阵子结了满树的小小红色果子，很是喜气。昨晚，我突然想到好久没注意过它，于是走到近处，想看看果子们还在不在。哪知，满树的果子竟已干瘪，鲜艳的红色变成了暗橙色。

干瘪的忍冬果实

　　就在我努力对焦想拍张照片时，一个年轻姑娘边打电话，边走到我身旁，也开始盯着这棵树看。一开始我还以为，她发现满树都是枯掉的果子之后就会觉得无趣而走开，不想却听到她惊喜地对电话那头的人说，这应该是棵蓝莓树。而且她也拿出手机开始拍照，似乎是想给通话之人看看。

　　听到"这应该是棵蓝莓树"之后，我不禁乐了，回头看了她一眼，发现她正认真地端详着树上的果子。干瘪的忍冬果子确实有点像蓝莓干，但两者的颜色实在是相差十万八千里呀。

1月10日，晴，–6—4℃，西南风微风，空气质量指数：155

走在去公交站的路上，我见到一只圆乎乎的鸟儿从头顶飞过，大约只有小时候玩的悠悠球那么大。它飞快地扑棱着翅膀，一秒都不停顿，似乎一停下就会从空中掉下来。我只分辨出它球状的身体和两片细小的翅膀，脑袋和尾巴都没看出来，这应该是只麻雀。麻雀在冬天来临前会大吃特吃，胖成个圆球，煞是可爱。

麻雀

几十分钟后，我在公交车上又见到一只鸟儿飞过。它有黑白两种颜色，尾巴长长，扑棱翅膀自有节奏，先是快速地扑三下，停顿一会儿，任身体往前滑行一点，接着再稍慢地扑一下。这是喜鹊，它的翅膀长，与麻雀比起来，虽然扇动翅膀的频率低一些，但飞行速度不见得更慢。这是我第一次发现这两种鸟儿的振翅频率有差异。

苇岸在散文集《大地上的事情》中也有关于麻雀和喜鹊飞行姿态差异的描写，他这样写道：

喜鹊

"我留意过麻雀尾随喜鹊的情形，并由此发现了鸟类的两种飞翔方式。它们具有代表性。喜鹊飞翔，姿态镇定、从容，两翼像树木摇动的叶子，体现着在某种基础上的自信。麻雀敏感、慌忙，它们的飞法类似蛙泳，身体总是朝前一耸一耸的，并随时可能转向。这便是小鸟和大鸟的区别。"

1月12日，多云，–5—5℃，西南风微风，空气质量指数：515

一转眼，又到了冰场开放的时候。

1月13日，晴，–8—7℃，北风3—4级，空气质量指数：160

今天是腊八。我看到新闻说雍和宫年年腊八都会免费施粥，今年领粥的队伍都排到了雍和宫外的胡同里，一上午，8500份粥就派完了。甚至有许多人连续十几年的腊八都来雍和宫喝粥祈福，还有人连夜从外地赶来就为了喝上一碗雍和宫的腊八粥，盼在来年能有好运气。

佛教定义十二月初八这一天是盛大的"法宝节"，传说是释迦牟尼成道之日。所以每年腊八，寺庙中都会举行诵经、煮粥敬佛、向民众施粥等活动。最初，寺庙的施粥对象是衣食不继的穷苦百姓。后来渐渐地，大家都衣食丰足了，但依然乐于在腊八这天来寺庙中领一碗粥喝，更多的是为了讨个好彩头。

1月17日，晴，–7—6℃，西南风3级，空气质量指数：107

今天早上不冷，想着公司没有水果吃了，便放弃公交转而步行去地铁站，经早市买些水果。

一路上见到了许多赶早市的人，可与春夏时节相比人少了许多，早市也不再热闹。原本，这条长长的早市上摊子一个挨着一个，摊贩们的吆喝声也是此起彼伏，可今天摊子稀稀拉拉地散落着，蔬菜水果的品种少之又少，几乎没有吆喝声。

也许是接近年关，也许是天冷，也许是冬季蔬菜水果本就比较少的缘故，或者其他什么原因，总之，摊贩少了，蔬菜水果等吃穿用品少了，赶早市的人也就少了。

1月21日，晴，-3—9℃，北风微风，空气质量指数：50

周六晚上，我去水果店转了转。店内水果种类繁多，但也没有什么新鲜的。可能新近上市的就是车厘子了吧，摆在收银台旁最显眼的位置，当然价签也很显眼，68元一斤。店中有一长条木头浅盘，里面摆的一大半都是柑橘类水果，每种的个头和颜色都不一样，我简直看花了眼，丑橘、脐橙、椪柑、沙糖橘、蜜橘、爱媛，不看标签哪里分得清楚。

1月23日，晴，-6—11℃，西南风2级，空气质量指数：40

这几日实在暖和。早上，我乘车经过元大都遗址公园北边的小河，瞧见河水在缓慢地流动。一两周之前，这条河的表面还结了厚厚的冰呢。朋友说，亮马河的冰也化了。

这几天，不论早晚，我在办公室中往下望，总能看见荒地上的几只野狗悠闲地晒太阳和打闹，天冷时，它们通常只有正午才出来。昨晚，我在回家路上看见一只白色野猫。它轻悄悄地小跑过人行道，钻进了一个小区栏杆附近的野猫定居点。进入深冬后，我就几乎没在这儿见过野猫。想来是天气暖了，它们又出来活动了吧。

　　一棵树暗红棕色的枝条上冒出了许多鼓包，不近看还真发现不了。温度再升高一些，它们应该就会马上绽开吧。什么时候才能看见第一抹新绿呢？

1月27日，晴，–3—8℃，西南风3—4级，空气质量指数：150

今天下午，我去了十里河花鸟虫鱼市场。市场就在十里河地铁站旁边。里面的花卉铺子是最吸引人的，绿的、红的、粉的、黄的，各种颜色的植物生气十足。这里似乎不存在什么季节变换，总是姹紫嫣红绿意盎然。

这里开得最好的是杜鹃花，几乎每家铺子摆放在最显眼的位置上的都是它。比我平时见到的都大盆，几乎是一丛丛半人高的小灌木，花开了一半，另一半的花骨朵儿似乎也随时会盛开。冬天室外一片萧条，常绿植物都蒙着一层灰，绿也绿得不痛快。这里的人们每天看着这许多鲜艳的花朵，想必也会多点希望。

此外，蝴蝶兰开得极好，只是它们的花朵太大太整齐太雍容，有点让人消受不起。还有茶花、梅花、芙蓉、柠檬以及许多观叶类植物，衬得一家家铺子像原始丛林。奇怪的是，我倒没见着多少顾客，按理说，年前应是买花的旺季吧。

山茶

杜鵑

1月28日，晴有霾，–4—6℃，南风2级，空气质量指数：134

今日小年，是灶王爷爷和灶王奶奶上天做年终总结的日子，也是个好天气。

自从来了北方，我真真切切地感觉到了"南北差异"。北方腊月二十三过小年，我的老家却是二十四。

小年这一天最大的习俗是送灶神，也是春节所有习俗里比较重要的一个。这一日，灶王爷爷和灶王奶奶要去天上见玉皇大帝，禀报人间的事。人们怕灶王爷爷和灶王奶奶一个不高兴就说自家的坏话，于是做些吃食供奉，恭恭敬敬地送，特别要准备一些糖或是其他有黏性的食物，好让他们如吃了蜜般开心，只说好话。又或是因吃了糖或黏性食物，会把牙粘住，说不了话。这一日也预示着春节正式拉开序幕，要"忙年"了。忙年，就是要开始备年货。

1月31日，晴，–8—1℃，西南风2级，空气质量指数：56

今天是我回老家的日子。八点的飞机，凌晨四点半便起床洗漱、收拾、出发。一路上，我见到了从漆黑到太阳升起的整个过程。

起初，天整个都是黑的；到达候机室，天渐渐亮了，太阳还未升起，漏出来的晨光却把天空分成上下两半，下半部漆黑一片，上半部橙黄灿烂。不多时，太阳渐渐成形，驱散了凌晨的最后一抹黑暗。我在空旷的机场上看到了绵延起伏的远山。今天北京必然有个好天气。

2019 年 2 月

2 月 2 日，阴 −3—3℃，东风 2 级，空气质量指数：201

　　今天是农历二十八，杨小咪出去采购，回来和我们说，北京已经变成了空城，菜场的蔬菜水果价格都上去了。

2 月 6 日，阴转雪，−11—0℃

　　早上，我从朋友圈得知北京下雪了，昌平的雪尤其大。杨小咪却说朝阳区没下，是阴天。下午七点左右，杨小咪说下雪了，很小，没积起来。

2 月 9 日，多云，−10—−2℃，南风 1 级，空气质量指数：40

　　下午五点出门，天上云很多，傍晚时云散了些，淡蓝的天露出来，还有淡粉的晚霞。虽然有些阳光，但驱散不了寒意，我在公园中走了一会儿就觉得脸颊和耳朵冷透了，身上也没暖和多少。本来看着天气一天暖过一天，我还以为今年的春天会来得更早些，想不到现在又降温了。鸟儿特别多，叽叽喳喳，咕咕呱呱，更显公园里宁静。年前有几天天气温暖，河冰完全化了，今天见到湖面又结了冰，只有一两处没冻上。我在离岸边极近的湖面上站了会儿，冰层很稳固。

frozen lake

2 月 11 日，晴，–7—3℃，北风 3 级，空气质量指数：70

今天大年初七，正式上班第一天，年味却还未散，我明显感觉人比往常少。

地铁与公交上的人不多，路上的汽车更少。往常，从地铁站坐公交到公司需要花 20 分钟，今天只花了 15 分钟。

我家附近的早市只摆了零星的几个摊子，回家过年的摊主们大都还没有回来，去买菜的人也少，显得空空荡荡。沿着长长的早市往里走，再拐个弯有个农贸市场，今早我见有人拖着空空的手拉车不在几个摊子前逗留，看样子似乎是要去农贸市场大采购一番。不过，不论是去早市的，还是去农贸市场的，人明显比年前少了许多，我在公交上也几乎没见到拉着满满一车子的大爷大妈。还未出年关，买菜的人也比平常去得晚。

2 月 12 日，雪转阴，–8——2℃，东北风 1 级，空气质量指数：93

下雪了！今早出门后，我见到大朵大朵的雪花翩翩落下，地上已经积了一层浅浅的白雪。雪花打在脸上很冷，但特别舒服。我舍不得打伞，也没把帽子戴上，任由雪花打在脸上，落在头上，真开心。

天冷，雪落在地上变成了"冰雪"，汽车在雪路上容易打滑。我坐的公交车开得超级慢，可能还不如骑车快。整座城市都安静了下来，也干净了，连汽车声都小了许多。这一段路的边缘和墙根都被白雪覆盖住了，一个小姑娘走在墙边的雪路上，留下了一串脚印。雪无声无息地落着，一直到下午一两点才停。奇怪的是，朝阳区的雪没其他地方大，远处几乎不见积雪，下午，太阳露了一下脸，雪彻底不见了，只有阴冷的角落里还能看到一点痕迹。

2 月 13 日，晴，–6—1℃，东南风 2 级，空气质量指数：21

　　雪后的天气与以往都不一样。昨夜天空高远，挂在头顶的毛弯月离我们很远很远。我似乎是第一次在北京看到这么高远的夜空。今天是雪后第二天，天空呈淡蓝色。空气里的脏东西都随雪落在了地上，干净清透，也湿润多了，可以望见远处层层叠叠的山如水墨画铺在地平线上。晚霞美丽极了，气势恢宏。

2 月 14 日，雪，–6—–2℃，南风 2 级，空气质量指数：41

　　今年的情人节是白色的。雪从早上开始下，越下越大，有一阵堪称鹅毛大雪，直到傍晚还没停，地上积了很厚一层雪。

　　今天的雪下了几乎整整一天，北京已经好几年没有这样的大雪了。

2 月 15 日，晴，–6—2℃，西北风 4 级，空气质量指数：34

　　真冷啊！昨天一场大雪过后，今天空气湿度很大，路面上残留着冰碴，背阴处还有积雪，再加上四到五级大风，室外简直像个冰窖。早上我洗完头，没将发梢吹干，刚出门就被冻成了冰条条，可想温度有多低。

　　这一周寒流来袭，北京连续下了两场雪。2 月中旬南方已经春暖花开，我却感觉北京又回到了冬天最冷的时候，温度也和那时相近。昨天整日温度都在零下，今天最高温虽然有 2℃，但体感温度也在零下。我记得清清楚楚，这波寒流是从 2 月 8 号我回京那天开始的，已经持续了一周，看来还会继续到下周二三。

2 月 18 日，阴，–2—5℃，南风微风，空气质量指数：100

　　前几日，我发现阳台上的一盆多肉长了个新芽。昨天，新芽又冒出两个，已经长到三四厘米高，这才两三日的功夫！我着实吃了一惊。植物感知温度变化的能力似乎比人类更厉害。

2月19日，雾转晴，–6—8℃，西北风微风，空气质量指数：209

今早，窗外雾蒙蒙，我走到窗边，发现地上、屋顶上、车子上都白了。什么时候下了雪？出门后，我见路上到处是黑黑的雪水，还躺着几个没融化的雪球。这大概是今年最大的一场雪了吧。

前两个雪天，积雪都没这么厚，连一个雪球都捏不起来。不过，一点都不冷。早上，空气十分清新，虽然天边还是有雾霾。下午，雾霾逐渐严重，傍晚已是重度污染。雪也开始融化，干燥的土地这下应该能吸饱水了吧。

今日是雨水，二十四节气中的第二个节气，这场雪也算很应景了。雨水的第三候是草木萌动（一候獭祭鱼，二候鸿雁来），我看见路边乔木的芽苞大了一些，也不知道是不是错觉。

今日还是元宵节。这两天，我家附近的稻香村一大早就排起了买元宵的长队。

稻香村门口，买元宵的人们排起了队。

2月21日，晴转多云，–3—11℃，西南风微风，空气质量指数：150

今天最高温有 11℃，我在门窗紧闭的室内待久了，甚至觉得有点闷热。脱掉羽绒服，穿上了大衣。

偶尔一阵微风吹来，我能感觉出和冬天的风不一样了。虽然还是凉凉的，却完全没了寒意，反而有种温暖湿润的气息，比冬天更轻盈活泼，更有生气。我似乎从中闻到了草木萌发的味道，脑子里一下子蹦出了"吹面不寒杨柳风"这句诗。它用来形容现在的风，真是太贴切了。但柳树的芽苞还紧闭着，地上也光秃秃的，不见一点儿绿色。那么我闻到的味道到底是什么呢？我也说不上来。总之，就是春风的味道。

前几日早上，我听见窗外有鸟叫，但听不出是哪种鸟。鸟叫声似乎也不同了，更加欢快、从容，持续了很久。鸟儿们是刚从南方飞回来吗？最近，我还常常看见野猫。它们消失了一整个冬天，也不知道去了哪里。在气温没那么低的几个冬日，我偶尔见过一两只，而这几天，我每天下班都能见到好些。

柳树的芽苞

竺可桢先生根据多年观察，把北京的每一季都划分为三个阶段。春季为初春、仲春和季春。初春是过渡期，始于 2 月下旬或 3 月上旬，由于入春时气温不稳定，初春来临的时间有约 14 天的差异。此时日平均温度为 3℃，冰雪消融，早春开花的植物开始萌动发芽。柳树的叶芽在这时节已经膨大，也就是柳枝抽青了。初春末，日平均温度升到 6℃。接下来进入仲春。此阶段日平均温度为 6—13℃。早开花的植物次第开花，如玉兰、丁香、桃花、杏花……以平均日期来算，季春到 5 月 8 日结束。从始于 2 月下旬或 3 月上旬的初春算起到季春结束，整个春季有 60 多天的时间。

2月27日，晴，–1—13℃，西风2级，
空气质量指数：175

　　天气越来越暖，室外一天一个模样。
昨晚我在公交站等车，见头顶的杨树枝
条上鼓起了很大的花苞。今早豌豆豆也
看到了。她还看到公司附近的草坪里新
长出了几根绿色的小草。

　　我今早走了一小段路到公司，一路
上有几棵玉兰，远远瞧去，满树的花苞
正在不紧不慢地生长，只等暖风一吹便
会依次绽放。桃树似乎也长出了米粒大
小的花苞。

2月28日，晴，0—14℃，西南风2级，
空气质量指数：161

　　春来了，人们似乎也在家待不住了，
纷纷出门活动，哪怕有霾。

　　今早从小区穿过时，我在运动区看
到一对约50岁的男女在打乒乓球。黄色
小球在绿色台子上跳来跳去，我从旁路
过时，他们打了好几个回合，可见两人
的水平旗鼓相当。

草坪上长出了几根小草。

杨树的花苞

玉兰的花苞

春（2019.3—2019.5）

My nature journal : Spring

　　我无法不爱北京的春，尤其是在熬过了一个漫长的冬天之后。

　　迎春开出第一朵花，春就到了，3月初。

　　其实春意在2月已经萌动，各色草木的芽苞渐渐长大，风暖了，润了，气温升到了十多度。若仔细瞧，灰褐色的土地上似乎泛起了一层淡淡的绿，可再细看，好似又没有。但2月只是春天来临前的过渡月，还要再等等，再等等，才能闻到第一朵花的芬芳。2月里还常常会下大雪。有两个年头，雪都落在情人节那一天。

　　每年春天，我最盼望的就是迎春花开。紫玉兰和连翘似乎也等不及，紧随其后。可没有哪种花，比山桃花更让我爱北京的春。它几乎与紫玉兰同时绽放，一树一树在春风中摇曳，把春已到的讯息告尽整座城市的人。面对山桃花，我词穷，它是早春里最美的花，在我心中比海棠、樱花更轻灵，更温柔。你真应当在北京过完一个冬天，再看看这春日里的山桃花。

　　柳树此时染上新绿，组成胜景桃红柳绿。风渐暖，行人换上了轻盈的春装。草色尚未返青，紫花地丁等各色野花已悄悄盛放。春风中大地一寸寸变绿，开花的乔木或灌木也蒙上了一层淡淡的粉或白。春雨此时不紧不慢地下了起来，滋润着万物，绿意渐深。

　　春雷一响，仲春就到。3月末到4月，碧桃、榆叶梅、海棠、棣棠、黄刺玫、槐树、山楂、鸡树条、地黄、鸢尾、丁香、紫荆……一怒放。春天太短暂，日日风光皆不同。有时我不免想，也许半日就不同了。春天走得太快，快得我来不及记住每一种花开的时间，也无暇顾及各种草木的叶子在何时长大，如何把城市染

绿。记忆中只有花朵五彩缤纷，翩翩飞舞的蝴
蝶、蜜蜂，以及充斥鼻腔的花香。

　　北京的春很短暂，只有四十来天。每过完
一天，我总是愁春日是否走得太快，可又期待
着明日不同的春景。在纠结中，温度越升越高，
身上的衣衫不知何时变薄了，空气中有了夏的
味道。于是我发现，还没把春日好好享受个够。
春已成昨日。

2019 年 3 月

3 月 1 日，晴，1—15℃，东风 1 级，空气质量指数：202

过年前刚上市时，草莓贵到吓死人，稍微买点，动辄破 50 元。现在价格降了下来，便宜的 13 元一斤，贵的也就 15—18 元吧，差别在于贵的更大、更漂亮些。我买的 13 元一斤的小草莓，比大草莓好吃。其中畸形的，甜到让豌豆豆赞不绝口。买草莓时，我还在摊子上看到了桑葚。没想到桑葚这么早就上市了。

3 月 4 日，晴转多云，3—17℃，北风微风，空气质量指数：70

今天最高温居然有 17 ℃，难怪这么热！一早去公司的路上，几乎没看见有人穿厚羽绒服，很多人换上了薄外套和大衣，身形轻瘦许多。又到了整理衣柜的时候，该将春夏的衣服拿出来了。

上周末，室友买了香椿，我才知道原来香椿上市了。不过，现在一小把就卖到 22 块，我差点惊掉下巴。

我记得外婆家的院子里有一株香椿，不知是谁种的。在从前还是孩子的我看来，它很高很高，冬天落光叶子，就像个干瘦的巨人。春天，干瘦的躯干上冒出点点嫩红和嫩绿，外婆就站在树下伸手采，采来一把嫩芽，去小溪里洗干净，切碎了和鸡蛋一起摊。小时候，我不吃香椿，觉得它有一股子臭气，奇怪得很。现在吃起来倒是别有一番风味，有春天的气息。

远远见到成排的柳树，枝条黄绿色，也许新芽已经长出。杨树的芽苞鼓成了一朵朵花，似乎马上就要绽开。草地上多了许多绿色。杨小咪说，她住的小区中，连翘开花了。

3 月 5 日，晴，4—18℃，西北风 3—4 级，空气质量指数：254—50

昨天下班时，我见到几个姑娘欢快地跑着赶公交车，她们的笑声落在身后的暖风里。春天到了，人也活泼起来。路上的行人都不再匆匆往家赶。从这周开始，公司楼下闲置的共享单车少了许多，看来大家都纷纷选择骑车代步。

3月6日，晴，–3—11℃，北风4—5级，空气质量指数：35

　　今早，我看见路旁一排丁香芽苞鼓鼓，尖尖的头上大多露出了一点绿色。再往前走几步，呀，好几个芽苞已然绽开，树木终于发芽了！

　　往绿化带上瞥了一眼，灌木丛下居然有数十棵野草，我竟没注意到它们是什么时候长出来的。没走近细看，也不知都是些什么草。昨晚，我在回家路上还遇见了之前偶遇过三次的小野猫。两周不见，它长大了不少。春天终于来了，它也不用受冻了。

3月7日，晴，–2—13℃，西南风微风，空气质量指数：60

　　今天，李小喵兴奋地告诉我，她看见山桃和紫玉兰开花了！还拍了照片。山桃的花朵没完全绽开，树上像是笼罩着一朵粉色的云，轻轻柔柔，和蓝天相互映衬着。看着它们，心情莫名就好起来。

　　紫玉兰呼啦啦一下子开了满树紫红色的花，看着真热闹。在家乡过春节时，我就看见紫玉兰开花了，想不到北京的花期足足晚了一个月。玉兰又叫望春，这个名字倒十分贴切，望见春天缓缓到来，和我们一样。

3月10日，多云转小雨，2—13℃，东北风3—4级，空气质量指数：188

　　今天午后下了场雨，北京的第一场春雨。当时，我正在公园的开阔地带玩滑板，只见地上突然出现了水滴印子，原来是落雨点了。雨忽下忽停，忽大忽小。地上的雨点印子一会儿出现，一会儿又干了。只有一阵子，雨下得很大，我需要去棚子下躲躲，其他时候连打伞都不必。这场雨虽小，但也断断续续下了三四个小时。空气中充满水汽，土地变得潮湿柔软。

山桃和柳树

大约晚上八点多，雨停了。路面湿润，树枝和枯草湿润，风也湿润，吹到皮肤上，我不禁打了个寒战。空气里有一股淡淡的尘土味，是雨落到地上溅起尘土的味道，带着点清新，和雾霾天的尘土味不同。

3月11日，晴，2—16℃，北风4级，阵风6—7级，空气质量指数：44

一场春雨过后，空气格外好，天空湛蓝，似乎空气里所有的脏东西都随雨落了下来。今天一下子热了起来。早晨出门，风吹在身上，暖暖的，我穿着大衣都觉得热，再过一阵子就得穿薄外套了。

今早，我在公交车上看见许多向阳处的柳树已绿成一片。公司楼下的小公园内每隔一段距离便生着几株柳树。上周，它们还顶着微黄的"头发"，今日也都绿了。

3月14日，多云有大风，4—16℃，西北风4级，空气质量指数：33

最近几日，我注意到不论在哪里，工人们都在频繁地给绿化带、草坪和小花园浇水。植物们似乎是吸足了阳光，喝饱了水，长得越来越起劲。

今早穿过小区时，我看到一丛丛绿色植物沿着石头铺就的小道与绿化带的边缘生长。很不起眼，却很惹人注意。在这柳树还没全绿的季节里。它算是最绿的存在。我俯身拍照识别，原来是独行菜。这名字真有江湖气，似乎是一个独行的大侠，浪迹天涯。不过，它们可不是一株株孤独地生长，而是一丛一丛，仅这条小道的边缘就长了许多。

小区大门口旁有一片鸢尾，最近这些日子也冒出了新叶。它们的间隔比较远，因而一眼瞧过去地面还是褐色的。

3月15日，多云有大风，1—15℃，南风3—4级，空气质量指数：28

下班后我去了一趟超市，惊喜地发现小芒果上市了。它特别新鲜，外皮橙黄，又泛着点着儿红。我还看到了新上的油桃和枇杷。油桃个头很小，光溜溜的，以青色为主，只有桃尖泛着红，看上去特别新鲜水灵；枇杷紧挨着油桃摆放，一个个整齐地坐在筐子里，品相特别好。最近这两日，菠萝也突然多了。

今早骑车从早市旁穿过时，见许多水果摊上都摆出了削好皮的菠萝，还有一个摊子是专门卖菠萝的，看来菠萝开始大量上市了。

3 月 16 日，晴，2—19℃，东北风 2 级，空气质量指数：32

　　这一周来，北京天气好得实在感人，空气干净，气温稳定上升。憋了一个冬天，终于等来春暖花开，想要出去走走的冲动再也按捺不住，今天周末，便约了友人去圆明园踏春。

　　圆明园内水多、树多。树大都为上百年的老柳树，多是垂柳。柳枝老长，一直拖到水面。这时节，柳树全绿了，除松树外，它们是园内唯一的绿，格外醒目。

　　山桃树也非常多，几乎全部盛开。不论走到哪儿都能看到一片花海。花海的背后是柳树朦胧的新绿，真正是桃红柳绿。我最喜欢一条小山坡道，两侧的山桃花或粉或白，芳香扑鼻，引来白蝶翩翩飞舞，也有蜜蜂忙着采蜜。山桃花香味浓郁，却相当温和，我闻上一天怕是也不会腻。

　　这条山坡道向阳面上的诸葛菜开花了。它们都长得不高，加上花朵不过十来厘米。紫花地丁藏在诸葛菜间，几乎只开花，不长叶。

　　园内开花的植物还有梅花、蜡梅、迎春、连翘和玉兰。

　　圆明园的水极清，在一处小河道里，我们看到一小群蝌蚪游来游去。这里鱼多，不时跃出水面。最惊喜的是，我们看到了 "黑天鹅" 一家七口。两只大黑天鹅体态优雅，五只小天鹅毛茸茸的，十分可爱，让人忍不住想摸一摸。

　　去圆明园，只看山桃花，柳树以及一家七口的黑天鹅已经非常值得，再加上福海，就更值了。福海是圆明园里最大的湖，位于园中心，非常美丽。我们初到湖边就被它迷住了，绕着福海走了一圈，一路都是风景，来得及看，来不及拍。

诸葛菜

紫玉兰

迎春花

连翘花

迎春花朝上开，多为5瓣和6瓣，色鲜黄，
看上去非常精神；连翘花朝下，青黄色，4瓣，显得有气无力。

带着孩子的黑天鹅

3月18日，晴，5—22℃，南风微风，空气质量指数：185

上周五，我见到家附近一株山桃开了小半树的花，都在最高、光照最多的几根枝条上。其他树枝上的花苞还紧闭着。昨天又路过它，花竟开了一树，雪白的花瓣上染着几抹粉色，柱头鹅黄点点，好看得叫人走不动道，真想一直一直看着它。

昨天，丁香的枝条上蹦出了几朵淡粉紫色的四瓣小花。可能花开得少，我还没闻见香气。今早，我见杨树长出了毛茸茸的小叶子。杨树的荑黄花序一开始是灰褐色，毛茸茸的，膨胀得比手指还粗。今天它们却成了青色，瘦了许多。

这阵子，石砖砌的路面上、电线杆下、石头缝里，总之就是那些看起来生长环境十分恶劣的地方长出了许多野草：荠菜、附地菜、车前、诸葛菜，还有许多我不知道名字的野草突然都冒了出来，想要早一点见到春天的太阳。

开花的荠菜

紫花地丁

3月20日，晴转小雨，4—19℃，西北风微风，空气质量指数：170

下午三点左右，窗外突然响起一记闷雷声。这是北京今年的第一声春雷，距离惊蛰已过去两周。这么大的动静似乎真能震醒还在某个角落沉睡的小昆虫和小动物，春天到了，大家该出来活动了。

雷响之后，我跑到窗边，完全没看到要下雨的迹象。五点左右，我闻到了一股雨水溅起尘土的气味，窗外三两行人撑起了伞。雨终于下了！

今天，路过家附近的小公园时，我发现碧桃紧实的花苞打开了一些，可以看到层层卷曲的花瓣。在公司附近，我见到一株榆叶梅，树枝上有一朵花开了，就是缺了几片花瓣。

卫矛和小檗的深绿色叶丛中都冒出了嫩绿的新叶。常绿灌木也会在春天长新叶。同时老叶逐渐脱落，只是新老交替一同进行，不易为人察觉。

榆叶梅的花和果

碧桃的花和果

怎么分辨碧桃和榆叶梅?

首先,看枝干。榆叶梅的枝干有裂皱,碧桃的枝干比较光滑。

其次,看叶子。碧桃新长出的小叶是紫色的,即使长大之后,

叶尖也还是泛着点紫;而榆叶梅的叶子刚长出来就是绿色的,也比碧桃的圆润些。

第三,看花色。榆叶梅的花色较少,一般来说,最常见是粉色,标标准准的粉;

而碧桃的花色比较丰富,有粉红色、大红色、酒红色、白色,甚至还有淡绿色。虽然我从没见过淡绿色的。

3月24日,晴,4—21℃,西南风3—4级,空气质量指数:117

最近,菜市场多了许多春天的应季蔬菜。此前,香椿、春笋和豌豆尖已经上市。今天我又见到了芦蒿,20元一斤,一小把不到半斤就够一盘,简单清炒即可。果然是吃芦蒿的季节啊,口感脆脆嫩嫩。

以前,我觉得菊科植物有种难闻的青气,现在却觉得这种青气独特,还能解腻,竟然就喜欢上了。

汪曾祺曾写芦蒿"食时如坐在河边闻到新涨的春水的气味"。它的味道很难形容,但看到这个描述,我又莫名觉得确实如此。

2019 年 4 月

4 月 2 日，晴，2—19℃，东北风微风，空气质量指数：34

　　前天，我走在路上，猛然间发现路旁的柳树又绿了许多，枝条更满了，应是柳叶又长大了。走到一株柳树下，我才看到竟已结出了一串串蒴果，像迷你狼牙棒。

　　柳树的花序开放先于长叶，或与长叶同时。看来我是错过了，根本没有注意到柳树开花。

　　柳树分雌株和雄株，只有雌株才能结籽、飘絮。我看到的就是雌株，蒴果上的棕色小颗粒应该是开败后的雌花。看来再过一阵子，又要满城飘柳絮了。

　　今早，我见到落下的杨树蒴果，长长一串上有的已然绽开，露出了毛茸茸的白絮。杨絮也要来凑热闹。

柳树和杨树的蒴果

4月3日，晴，7—21℃，西南风3—4级，空气质量指数：162

　　最近，我在下班路上都能见到一株开花的丁香。它长在一个小区中，高五六米，枝条弯弯，越过栏杆，垂到人行道上方。花香随风送出，闻见的人会觉得夜晚都美丽起来。

　　今早，我特意路过，想看看它白天的样子。淡紫色的花序安静地缀满整棵树，有种说不出的温柔。

开花的丁香树

4月7日，晴，5—19℃，东南风3—4级，空气质量指数：87

今早，我拉开窗帘，发现窗外飘着什么东西，定睛一瞧，原来是杨絮！出门后，我发现一团团杨絮飘得满大街都是，真是吓了一跳。因为昨晚我还完全没看到空气中有杨絮的踪迹。又或者，昨晚就有飘絮，但由于光线暗，我没注意到吧。

路旁杨树下躺着一串串蒴果，全都绽开了，露出一撮撮"白毛"。而前几天，青色的蒴果还是闭合的。

不过，我也发现，只有我家附近杨絮最多，空中、路面上到处都是，要不是戴着口罩，一吸气，鼻子里就很可能跑进了一团杨絮。我去的其他地方好一些，只有零星的飘絮。

4月8日，阴，7—17℃，南风3—4级，空气质量指数：80

北京的春光变化真快。清明假期我出去玩了两天，回来之后发现，在走之前欲开未开的草木全都开花了。最明显的是碧桃。我家小区里的碧桃上星期还只挂着小小的花苞，现在全开了。花朵是重瓣，密密匝匝地挂在枝头，非常抢眼，离得老远我就瞧见它了。

我比较喜欢小区里的三株紫荆。它们长在一幢高楼的背阴面，因而长势较慢。两三周前，我看到它们全都鼓起紫色的小花苞，如一层薄薄的紫雾挂在树梢。今早从它跟前路过，发现终于开花了，紫色的花比碧桃还密，一簇簇贴着老枝的根部，一直开到树梢。紫荆是先开花后长叶，不过开花期也并非完全不长叶子，我见到新生的嫩枝上就长出了几片嫩绿带黄的叶子。

两日不见，北京更绿了。第一波长叶的草木如今可以算得上枝繁叶茂。变化最明显的是站在办公室窗前便可望见的小公园，它几乎以肉眼可见的速度一天天变绿，今日过来一瞧，几乎里面所有的树都绿了，树枝相连，把整个小公园都覆盖住，树下的小道也看不到了。就在上周，还能看到树下小道以及两三株盛开的碧桃呢。

4月9日，雨转阴，4—10℃，北风3级，空气质量指数：70

终于下雨了！这场春雨我盼了好久好久。雨下了一夜，又下了半天，将近中午才停歇。早晨出门，刚到室外，一阵夹着雨丝的风扑面吹来，虽冷，但真舒服。

我以为雨天早市不会营业，出门前就把家里唯一的橘子塞进包里带去公司做餐后水果。谁知这场不疾不徐的春雨并没有打消商贩们出来做生意的念头，依然有不少人撑着雨棚伞出摊，只不过摊子比平日少。出来采购的人也少了许多，极为冷清。我在一个摊子上买了两斤草莓，摊主说，今天便宜卖，八块钱一斤，昨天卖十块呢，想必是雨天人少的缘故。

草莓真好吃，是今年吃到最甜的。

4月11日，晴，6—19℃，西南风4级，空气质量指数：124

今早我看到小区的草坪里假还阳参开满一地。早市旁的小区里有三株泡桐，全都开花了。看样子不是今天才开，应该是它们长得太高，花朵高挂枝头不易被看见。也或许是因为泡桐先开花后长叶，以蓝天为背景，淡紫色的花儿不如绿色的叶抢眼，因而不易被发现。

假还阳参和诸葛菜

泡桐花不香，似乎还有一股臭味，但也无妨，颜色和花形弥补了一切不足。我非常喜欢泡桐花。据查，泡桐花有白色的，我至今未见过，真希望能哪天见到。

　　　　小时候，我家屋旁有一棵巨大的泡桐树，它把枝伸得老高，遮住了半个屋顶。
　　每到花开时，朝朝房前屋后落了一地。花朵完完整整，落在地上美极了，仿佛是仙女趁我们睡着时下凡，
　　　　在我家门前撒出了一条花之道。最美的是雨后，尤其是夜间有雨。一夜过去，泡桐花会落得更多，
　　　　　　　还沾着水汽，水灵灵的。如今十几二十年过去了，那美景我仍印象深刻。

4月13日，阴转晴，8—23℃，北风3—4级，阵风6—7级，空气质量指数：248—30

我在一片草地上看到了许多盛开的地黄。它们笔挺挺、毛茸茸的，一株、两株或三五株地长在一起，派头十足。

4月15日，晴，12—27℃，南风3级，空气质量指数：132

今早，我在公司附近见到马蔺开花了。花朵纤细，看起来娇嫩得很。三片花瓣垂落，四五片直立，姿态优美轻盈，像在跳舞的小仙子。花瓣底部白色，之上淡蓝紫色，整片花瓣上布满深蓝紫色的细密纹路。

我想，若是有人按照马蔺花的配色和姿态，裁剪一身舞衣或是裙衫，成品一定很美。今天一查资料，我才知道原来马蔺就是马兰花，小时候跳橡皮筋时我们常念的歌谣中就有它。

小汽车，滴滴滴，
马兰开花二十一，
二八二五六，二八二五七……

4月17日，晴，16—29℃，西南风3级，空气质量指数：177

　　每天下班后，我在回家的路上都要经过一座天桥。昨天，走到天桥下，我突然瞥见路旁有一丛一人多高的灌木，上面缀满盛开的小黄花。天色已暗，这些花朵就在幽暗昏黄的路灯下静静开放，丝毫不引人注目，也没有香气，花朵众多，将柔软的枝条压弯了一些，虽安静却有种热闹感。走近细看，只见花朵饱满，花瓣层层叠叠，有点像我小时候叠着玩的纸花。

　　今天，我用识花软件识别了一下，才知道它是黄刺玫，蔷薇科蔷薇属，难怪和蔷薇的花形有些像。我记得去年注意到黄刺玫时，它已经结果，果实像月季果和山楂的结合体。

我时常在家乡的小河边见到黄刺玫的身影。

我们那儿称它为大水山楂，说是发大水的时节它就会结果。

黄刺玫的果期在7—8月，而那个时候，

长江下游地区正是多暴雨的季节，连下几天大雨就容易发大水，

可能它的名字就是由此而来。

4 月 19 日，晴，9—19℃，南风微风，空气质量指数：87

今早，我走出楼道时，抬头看见小区里的一棵大桑树上挂着许多毛茸茸的小东西。走到一根较低的树枝下，仔细看了几秒，我才发现这些应该是桑树的花序，桑树要开花了。这还是我第一次看见桑树的花序。自从写自然日记以来，我注意到了许多之前忽略或者说根本不在意的东西。

桑树的花序

我觉得认识世界有许多维度。如果我们日常生活的地方是个直径 1 米的圆圈，那么去陌生的地方、见新鲜的风景拓宽的是我们认知世界的广度，相当于扩大了这个圆圈的面积。而我们无比熟悉的地方其实也存在许多陌生的事物，发现它们并与它们建立联系也是一种认识世界的方式。这就好像在圆圈中填填补补，加点色彩，让圆圈变得更为丰富。

4月20日，雨转阴，8—13℃，西南风转北风小于3级，空气质量指数：155

　　奥林匹克公园的游人比之前的周末多了许多，还有几个老年旅游团。天气转暖，出门活动的人更多了。

4月21日，晴，7—22℃，东南风2级，空气质量指数：139

　　晚上，我去水果店，发现原本最显眼的位置摆的是五六种柑橘类水果，现在就只剩下丑橘、一种柑橘和两种橙子。草莓占据的位置也少了，价格下降了一些，有22元一斤和15元一斤的两种。

　　店里的热带水果多了。芒果有两种，一大一小。小的淡黄色，一头微红，巴掌大小；大的约是小的1.5倍，每个都套着塑料网。

　　红毛丹鲜亮水灵，像带刺的荔枝。菠萝蜜也上市了，店家将它的果肉分装在塑料盒子里售卖。

4月22日，多云，14—26℃，南风3级，空气质量指数：205—185

　　昨天我从一排槐树下经过，偶然抬头间，见槐花挂满枝头。我开心极了，慢悠悠地骑着车，生怕骑太快就会错过这突如其来的幸福。是的，看到槐树花开，我没来由地从心底生出既开心又幸福的感觉。

　　我喜欢槐花的清香。不过此时的槐花处在始花期，一串串花骨朵还没有盛开，新生的花串甚至还是青色的，自然没有香味。等不了多久，北京便会到处都飘荡着槐花香。

4月24日，雨，9—20℃，偏北风3—4级，阵风7级，空气质量指数：181—34

　　我在小区外的绿化带里看到向阳处的三四株鸢尾开花了。

　　鸢尾的花形、颜色都很好看。大抵好看的东西都易逝吧，它的每一朵花都只有一天的寿命。我今天看到的这几朵鸢尾，明天便会谢了，哪怕明早同一株上又有花朵盛开，也是另一个生命，真正是"朝花夕逝"。不过，鸢尾可以不断地开花，花期不算短，有一个月。

　　今天最让我开心的事儿是看到了喜鹊打架。早上我骑车途中，听到一阵喜鹊的喳喳叫声，音量快盖过了汽车声。抬头一看，几只喜鹊正聚在前方一棵树的主干上，扑扇着翅膀吵吵闹闹，离人的头顶不过三四米。我骑近了才发现，其中两只边飞边打架，另外两三只围在旁边喳喳喳地叫，好像在为它们助威。当然，也可能是在瞎起哄。

　　等到我骑到那棵树下时，两只喜鹊的架已经打完，四五只喜鹊刚好扑棱着翅膀飞离。一根细细的羽毛落在了我的鼻子上，我抬头看，发现打架的那两只喜鹊羽毛都乱了。

　　我很好奇它们到底为什么打架，谁输谁赢。哎呀，这时候恨不得像公冶长那样懂鸟语啊，这肯定是一出"大戏"，可惜了，可惜了。

　　哦，对了，昨晚从槐树下经过，闻到了香味。虽浓郁，却十分清甜，实在让人心醉。

2019 年 5 月

5 月 2 日，晴，13—31℃，西南风 3—4 级，空气质量指数：80

今天傍晚，我赶在太阳下山前去家附近的公园逛了一圈，看看春天的尾巴。

和冬天时相比，这里简直是另一个世界。光秃秃的树变得枝叶繁茂，光秃秃的湖面冒出了小小的荷叶、圆圆的荇菜叶子和青涩的芦苇，光秃秃的草地长满花草，最多的是马蔺、假还阳参和诸葛菜。

碧桃、蔷薇、黄刺玫都开败了，只有零星几朵花挂在枝头，摇摇欲坠，马上就会枯萎。

花开得最繁盛的是忍冬，没走几步就能见到几株。我之前在别处见到的忍冬都只开白花，今天见的大多都开淡黄色和白色两种花。

忍冬花开，引来了蝴蝶。

山楂花也开了满树，远看，树上像落了轻飘飘的雪，这还是我第一次见到山楂树开花。近看，一朵花有五瓣，花瓣圆圆。

　　最令我意想不到的是，核桃、楤树和紫荆竟然都结果了。紫荆的荚果还很嫩，尖端略微发红，像小小的四季豆，表皮上有一粒粒凸起，每个凸起之下都藏着一颗种子。核桃的果子两个或三个缀在一起，和我去年见到的很不同，毛茸茸的，像青涩的小桃子。

5月3日，多云，17—29℃，西南风3—4级，空气质量指数：152

　　昨天，我在家附近的小公园中见到两株开满粉色小花的植物，大概两米多高，花枝往一边优雅地垂着，像女人飘逸的长发。这个时节居然还有满树繁花，太让我惊讶了。走近细看，五瓣的花朵淡粉色，其中三片花瓣中间有一抹橘红，两种颜色都很娇俏。我从没见过这种植物的花。

　　在我拍照时，身后一对父女也对这两棵植物非常有兴趣。女儿问爸爸这是什么花，爸爸说让他来查一查。不一会儿，我听见爸爸的手机里有声音传出，"国家三级保护植物"，想必这位爸爸手机中也装了识别植物的 APP，然而我独独没有听见植物的名称。

　　我还记得去年秋天曾见过这两棵植物，那时它们结着带刺的果子。我也用 APP 识别了一下，原来是蝟实，也叫猬实，因为果子带刺，像小刺猬，因而得名。

因为开花时间独特，赶在春花开败的初夏，花又非常美丽，所以蝟实在全世界许多地方都被当作观赏植物。
在欧美国家，它又被称为"美丽的灌木（Beauty Bush）"。
我在北京公园的花讯中看到，原来北海公园中也有蝟实。

5月4日，阴，16—27℃，西南风3—4级转北风4—5级，空气质量指数：153

　　早上，我发现房间里飘着几缕细小的毛絮，虽然玻璃窗开着，但纱窗是关着的，也不知它们是怎么飘进家里的。只要有点空气流动，它们就一直飘在空中，抓也抓不着，还有可能吸进鼻子里，真不知道该拿它们怎么办才好。

　　下午外出几小时，我特地戴了口罩。杨絮和柳絮漫天飘飞（用漫天这个词真的不是夸张），不管往哪里走，前方都有杨柳絮往脸上扑来，避无可避。地上也有杨柳絮，它们翻滚着，渐渐聚小成大，成为一团团白色毛球，随着车流、人流和风向滚动。

5月5日，晴，8—22℃，
北风4—5级转东北风小于3级，
空气质量指数：55

　　今早，我在公交车上发现道路两旁的绿化带中月季开花了。花大概有手掌心那么大，一朵花上有淡黄和橘红两种颜色。

　　公交车从一座高架桥下驶过，拐了个弯，左边有几丛开白花和深粉色花朵的植物，是蔷薇。

月季和蔷薇都是蔷薇科蔷薇属植物。区分它们俩，最简单的方法有两种。
一是看花。大部分月季一年可多次开花，而且花期长，
有的能从春末一直开到冬初。而蔷薇大多一年只开一次花。
二是看植株。月季是低矮的灌木，可以明显看到每一枝的植株。
而蔷薇是藤状的，通常一长就是一大丛，
还会攀附在墙上和篱笆上，形成好看的花墙。

5月9日，晴，14—30℃，东南风2级，空气质量指数：57

　　最近这段时间，桃子上市了。前两天去超市，在水果区转来转去，最终买了粉粉嫩嫩的桃子。此时的桃子是第一波上市的，还不够成熟，应该不会很好吃，但我还是抱着尝尝的心态买了三个。果然不好吃，尤其是今天吃的这个，很酸。

5月11日，晴转阴，16—29℃，东南风2级，空气质量指数：158

　　我从来不知道地坛公园原来是那么有生活气息的地方。今早，我看到一个规模庞大的合唱团占据园内风景秀丽的一角，团员齐声合唱。这个合唱团看上去非常专业，有自己的名字（阳光合唱团），有配乐，有指挥，有乐谱，有不少人，都是老人。还有好些人聚在周围跟着唱，不知道是不是正式团员。

　　在周围的一群人里，我看到一个打扮非常时髦的老太太也拿着乐谱跟着唱，边唱边轻轻移动脚步打着节拍。老太太头发灰白，身材消瘦挺拔，穿紧身小脚裤，长袖上衣略为宽松，领口偏大，系一条短丝巾，精致又优雅。

　　在合唱团旁边的回廊里，四五位老先生组成一支小小的中国乐器乐队，也在演奏一支曲子。我走到他们附近时，恰巧听到其中一位老先生吹着笛子和声，笛声清脆。

　　公园内有一处开阔的地方，许多家长带着孩子在那儿喂鸽子。成群的鸽子早已习惯了人类，一点儿也不怕人，即使靠近它们也不会惊飞，反而在你脚下打转、进食。小孩子高兴疯了，一把把地抓食物扔在地上让鸽子吃。一个小小的男孩手里抓着食物想让鸽子吃，可鸽子只顾吃地上的食物。一个更小的女孩，大约两岁模样，见鸽子在她脚边走动，扑扇着翅膀，有些害怕，又脚步不稳地扑进了家人的怀里。还有一个六七岁的男孩在鸽子群中央追赶鸽子，他每追赶一步鸽子就腾飞几下，而后又落下不慌不忙地吃东西。

　　地坛公园里有处牡丹园，但牡丹几乎谢尽了，只剩下一小片。那一小片牡丹种类繁多，我仅在边上就看到了四五种。荷包牡丹的花如一个个小荷包蛋垂挂在枝头，可我总觉得这名字听着太像食物了，没有它的另一个名字铃儿草好听。

　　还有美丽月见草。它真的很漂亮。是谁为它起了这么漂亮的名字呢？

5月14日，晴转多云，14—27℃，南风微风，空气质量指数：160

昨晚下班后，我想到很久没跑过步了，于是回家换上运动服，去了附近的小公园。

公园中人真多，步道上每隔几米就能见到三三两两的人或走或跑，小广场上有人跟着轻扬的音乐跳舞，健身器材区最热闹，压腿的、玩单杠的、练器械的，几乎没有任何一副器材空闲。一些相熟的人互打招呼和说笑，气氛轻松欢乐。

拉伸完之后，我慢慢往公园北门走，快走到湖边时，听见远处有蛙声传来。一开始只有三三两两的"呱——呱——"，叫声似乎有弹性，拉得老长，先强后弱，弱到快消失时又响起了一声强音。零星的"呱——呱——"声持续了几秒，随后不断有新声音从四面八方加入，最后湖上响起了"呱呱"大合唱。

我边走边听，这种现象反复了多次。奇怪的是，"呱呱"大合唱虽然响彻整片湖，但我一点也不觉得吵，反倒更觉得公园中安静极了。如果这时有把竹躺椅，我大概可以一直躺着听很久。

蛙类的合唱并非各自乱唱，而是有一定规律，还有领唱、合唱、齐唱、伴唱等多种形式。

它们紧密配合，是名副其实的合唱。据推测，合唱比独唱包含的信息更多，合唱声音洪亮，传播的距离也更远，能吸引较多的雌蛙前来，所以蛙类经常采用合唱形式。

穿过湖上的一座桥时，我看见湖边的芦苇密密麻麻，和栏杆一般高，是夏天的样子了。

5月15日，多云，14—31℃，西南风3—4级，
空气质量指数：167

　　小区里的桑葚长到了无名指的指甲盖大小，红了两三串。

5月16日，晴，18—33℃，西南风3—4级，空气质量指
数：175—124

　　早上，我在走去公交站的途中，从家附近的街心公园穿
过，见到珍珠梅长出了一串花苞。花苞个头如同小米，每一
粒都孕育着一朵白色小花，想来不久就会开了。

　　李小喵说，她见到蜀葵开花了，凤尾丝兰的花密密麻麻
缀成了一大串。

5月18日，多云，16—25℃，东南风3—4级，空气质量
指数：95

　　早上出门后，我见到绿化带上三三两两的萱草开花了，
不过大多数还鼓着花苞，应该在这几天都会陆续盛开。

　　我见到的这种萱草植株矮小，花朵是黄色的，比橙红色的萱草花形更圆润一些，应该是变种，
北京的很多绿化带中都有种植。

　　这两天，我才发现原来小区中有两棵大桑树。它们的树干紧挨着，枝叶相交，所以我误以为
这些枝条只属于一棵桑树。树下有许多紫黑色的印迹，原来许多桑葚已经成熟落下了。

桑葚红了。

5月19日，多云转晴，12—24℃，西北风4—5级转西北风3—4级，空气质量指数：50

今天的风可真大！一整天，风就没停过，我房间窗外的大槐树疯了似的摆动。

平日，公园里满天风筝，今天居然一只都没有。我问小卖部老板这是怎么回事，她笑说这么大的风，人都要被风筝带飞了。

我和朋友想着，既然来了，还是放个风筝试试吧。结果，一点不费力，风筝就飞上了天，人还差点被风筝带着跑起来，果然如小卖部老板所说。于是，我们只能赶紧收线。

5月22日，晴，17—35℃，南风3级，空气质量指数：43

黄樱桃上市啦！昨晚回家经过一个临时水果摊，突然看到了黄樱桃，立即问："老板，黄樱桃多少钱一斤啊？""三十。"老板响亮地回答。哎呀，这么贵！吃不起吃不起。"谢谢老板。"道谢后，我赶紧离开了。想着还是第二天早上去早市看看吧，早市上肯定有，肯定会便宜点。

将近一个月没来早市，听着熟悉的声音、闻着熟悉的味道，真开心。即使整条早市上人声鼎沸，我也不觉得吵，反而觉得这才是生活的样子嘛。我挨个扫过摊子，可前面的都没有黄樱桃。一路往里走，就像发现新大陆一样一路惊叹。哇，红樱桃已经降到十几块钱一斤了（具体是十几我没看到，因为后一个数字被水果挡住了），荔枝只要十块钱一斤！

黄樱桃，黄樱桃！终于发现了黄樱桃。一问价格，二十五块钱一斤，的确比昨晚临时水果摊卖的便宜，但也没便宜多少，也许是刚上市不久的缘故吧。不过，我还是买了一斤多。

5 月 26 日，晴，15—26℃，西北风 3 级，空气质量指数：30

忍冬的花早已落尽，结出了小小的对生果实，不注意就会被忽略掉。回家的路上，我还看到一大丛玉簪长得超级茂盛，叶子一片遮着一片，把一小块地全部都遮严实了。就在玉簪花边上，有一丛竹林，许多竹笋从地下冒出，细细小小的，东一根西一根，有的刚刚冒出一点点，长出两片小到几乎没有的叶芽；偶有一两根蹿到半人高。

5 月 29 日，晴，20—32℃，南风微风，空气质量指数：110

昨晚下班后，我和朋友去五道营吃饭。餐馆外有一个竹竿搭成的架子，两米多高，架子上爬满藤蔓。藤蔓上的叶子密密挨着，层层叠叠，几乎没有留下任何让光线透过的空隙。叶子间还垂挂着一串串青色果子，是葡萄。

这段时间，水果店中已经有少量葡萄上市了。

……

2021 年 6 月 2 日，多云，15—28℃，北风 3—4 级，空气质量指数：63

尽管写了三年多的自然笔记，在这本书即将出版之际，我却觉得自己才刚刚入门。每个城市，甚至小到每个区，每个小区，每个公园，植物和生态都完全不一样。因此，每去一个陌生的地方，我都能发现一些新的植物，就像认识一些新朋友。这种发现令我愉快。当然，最令我快乐的，还是与大自然接触时的感觉，就如同英国哲学家伯特兰·罗素所说："凡使我们接触大地生活的游戏，本身就有令人深感快慰的成分。"

去观察自然吧，它永远对所有人敞开怀抱！

图书在版编目 (CIP) 数据

与自然相伴的每一天 / 豌豆豆，李小喵著；（日）
菊地久仁子绘 . -- 重庆：重庆大学出版社，2022.1
　　（爱自然）
ISBN 978-7-5689-2878-6

I. ①与 ... II. ①豌 ... ②李 ... ③菊… III. ①散文 –
中国 – 当代 IV. ① I267

中国版本图书馆 CIP 数据核字 (2021) 第 141718 号

与自然相伴的每一天
Yu ZiRan XiangBan De MeiYiTian

豌豆豆　李小喵　著

[日] 菊地久仁子　绘

责任编辑：王思楠
责任校对：关德强
责任印制：张　策

重庆大学出版社出版发行
出版人　饶帮华
社　　址　（401331）重庆市沙坪坝区大学城西路 21 号
网　　址　http://www.cqup.com.cn
印　　刷　北京利丰雅高长城印刷有限公司

开本：890 mm×1240 mm　1/24　印张：8　字数：173 千
2022 年 1 月第 1 版　2022 年 1 月第 1 次印刷
ISBN 978-7-5689-2878-6　定价：78.00 元